U0221480

Insect Story

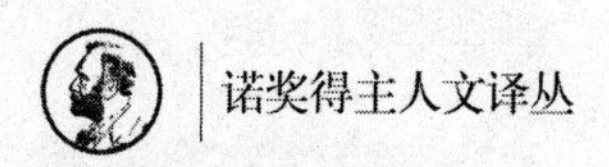

昆虫物语

INSECT STORY

Maurice Maeterlinck

[比]莫里斯·梅特林克◎著

黄瑾瑜◎译

北京时代华文书局

目　录

白蚁的生活 /1

蚂蚁的生活 /109

白蚁的生活

作者序　命运预言家

乌托邦主义者们在超越想象力的地方，寻求未来世界的模型。但是，在我们面前，却有一座奇幻的、不像真实的、预言式的社会模型。

一

在《蜜蜂的生活》中谈到的，都是经过专家确认正确性的。《白蚁的生活》也一样，这一本书不是现在流行的小说，我将忠实遵守我在写《蜜蜂的生活》时的原则。

也就是说，我绝对不会把惊奇想象的快乐，强加在现实上。

现在我的年纪比写《蜜蜂的生活》时更大了，要抵抗这种诱惑，对我来讲是很容易的。

所有上了年纪的人，都知道只有真理才是令人惊异的。夸饰的部分，会随着年岁的增长，比自己更快老去，本质的部分则不会。严格的事实、简洁明确的考察，即使到了以后，也会呈现出与今日几乎相同的样貌。

因此，对于我不确定，也不容易检验求证的事实或观察，我会尽量控制描述或报告的量。

当我们要研究的对象，是一个如此未知而奇异的世界时，这种态度是最重要的。一时的兴起、略微的夸张、一点点小小的不正确，都可能使这类的研究，丧失所有的信用与乐趣。

当然，只要前辈们不引导我走向错误，这类事情就不会发生，而且，前辈们也几乎不可能引导我走向错误。

因为我重视的，只限于可以用单纯客观的观点，非常冷静地记录观察所得的昆虫学者的著作。他们对科学性的观察，怀抱着信仰，就好像他们根本没发现到，他们所研究的昆虫具有异常性格。他们不会执着于这种异常性格，或是夸张描述这些异常性格。

我不太引用旅行者们所谈到的有关白蚁的事情。他们没有经过分析，就转述原住民的无稽谈话，有夸张的倾向，所以，不太值得相信。我只会引用一些有名的探险家，例如博识多闻、细心的科学家大卫·李维斯东（David Livingstone）之类的探险家。

对于我的描述，要在每一页下面，写许多批注或笔记是很容易的。在某些著作中，可能必须在所有的文章上，都做详尽的批注，像严格的学校用参考书那样，将批注放进本文里面。但是，因为白蚁的文献还不像蜜蜂的文献那么多，所以，我想在书末列出简单的参考书目来取代就可以了。

我发现，许多的事实会隐藏在各种杂乱的地方，四处散置。而且，因为我们处于孤立的状况，所以，常常显得这些事实毫无意义。就跟《蜜蜂的生活》一样，我的任务就是结合这些数据，尽可能找出相互间的关联，加上适度的考证，然后找出事实。

虽然对昆虫有兴趣的好事者一天比一天多，可是他们对白蚁的秘密，知道得还是比蜜蜂少。

如何解释这些数据，是我的权利。当然，读者也有权利得出与我不同的结论。研究某种昆虫，特别是这类奇异昆虫的特殊研究，简单来讲，就像谈论来自其他行星，未知的未开化人种差不多。讨论昆虫，就跟讨论人类是一样的，必须采取严格的方法与公正无私的态度。

这本著作虽然跟《蜜蜂的生活》是一套的，但是，整本书的色调与气氛是不同的。两部著作的差异，就像白天与黑夜、黎明与夕阳、天国与地狱。

至少，外表看来，虽然蜜蜂也有它的悲剧与哀伤，但是，蜜蜂的生活里面充满的元素是光、春天、夏天、太阳、香气、空间、翅膀、碧蓝、露水、大地的欢喜，都是无与伦比的幸福。

白蚁的则是黑暗、地底的压迫、严厉、卑鄙的贪欲、单独房间、徒刑、坟场的气氛。

但是，白蚁的另一个思想，或说是本能（结果是一样的，用哪个名词并不是问题），可以看到更加完全的、更英雄式的、更深思熟虑的、更知性的，格局更大的，几乎是无限的牺牲。

简单地说，白蚁的外观虽然不美，可是，我们却觉得更接近这些牺牲者，与它们更加亲密。而且，就某些事情上来讲，这些不幸的昆虫，比蜜蜂或其他地球上的生物，更有资格成为我们命运的先驱与预言家。

二

白蚁是否可以说是白色的，还是个疑问，不过，它的俗称是白蚁。

白蚁的文明，比人类的出现还要早一亿年。这是昆虫学家根据地质学家说的话，所做的推论。要验证这个推论是否正确，是很困难的，而且，各个学者也常出现不同的意见。

例如，N. 霍姆葛蓝（N. Holmgren）这一类的学者，认为白蚁与二叠纪时消失的原始蟑螂类有关，其起源可以回溯到古生代末期无尽的黑暗之中。

别的学者在英国、德国、瑞士的黑侏罗纪，也就是在中世纪里发现白蚁。还有一些学者认为是在始新生，也就是第三纪才开始有白蚁。

有一个人在琥珀的化石里面，确认出 150 种白蚁。总之，白蚁确实可以远溯到几百万年前。

这是人类所知最古的文明，非常奇异、复杂、知性的文明，就某个意义来讲，是更具理论系统的文明。在人类的文明出现以前，在地球上出现的文明之中，这是最能适应困难生活的文明。

虽然白蚁常常会给人狰狞、不吉祥、厌恶的感觉，但是，在许多方面，它们的文明比蜜蜂、蚂蚁，甚至比人类本身的文明还要优秀。

三

白蚁的文献，与蜜蜂或蚂蚁比较起来，显得特别少。第一个认真研究白蚁的昆虫学家是 J.G. 凯尼西。他在印度马德拉斯地区、特兰奎巴长期生活，花时间研究白蚁，死于 1785 年。

接下来是亨利·史密斯曼（H. Smeathmann），他与海尔曼·哈根（H. Hagen）并列真正的白蚁学之父。他于 1781 年所写，有关非洲白蚁的报告，对所有的白蚁研究者而言，都是汲取观察与解释的真正宝库。而且，报告的正确度，也在他后继者的著作中，例如哈比兰德（G.B.Haviland）与沙比吉（T.J. Savage）的著作里面，得到证实。

接下来是加里宁格勒的海尔曼·哈根，他在1855年柏林的《昆虫学》中，有体系地写出完整的研究论文，以德国人对这类工作的正确度、精密性与小心翼翼，分析了从古代印度、埃及，一直到现在所写的全部著作与论文。然后，将亚洲、非洲、美洲、澳洲等地，所有研究白蚁的探险家所做的数百种研究，做出简单的总结，并加以评论。

在我最近的工作中，必须提出以下这些人。

确立白蚁的微生物学，发现白蚁肠子里面的原生动物，担负令人惊异任务的第一人，葛拉西与山吉阿斯（B.Grass' et A. Sandias）。

雷斯佩斯（Ch. Lespes）称白蚁为忌旋光性白蚁，大概是错的，不过，他让我们了解了欧洲的小白蚁。

佛立兹穆勒（Fritz-Muller）。

研究南美白蚁的菲利普·西尔贝斯特（Filippo Silvestri）。

对非洲的白蚁感兴趣，以分类学者的身份从事工作的修斯泰德（Y. Sjostedt）。

与博物学家沙维尔肯特（W. Savile-Kent）一起，探寻澳洲白蚁所有事物的佛罗葛特（W. W. Froggatt）。

研究刚果白蚁的海格（E. Hegh），他继续哈根的工作，一直到1922年。他的著作里面，有丰富的图解，完整性受人瞩目。书中也简要地总结了我们该知道的，有关白蚁的所有事物。

还有巴斯曼、伊姆斯（Dr. Imms），瑞典的优秀白蚁学者尼珥斯·荷姆葛兰（N. Holmgren），以及对厄立特里亚的白蚁，进行令人深感兴趣研究的德国昆虫学家艾叙利（K. Escherich）。

如果要将参考文献中，看到的所有名字都列出来，将会无止无尽，所以，最后我只想再提一个名字，那就是克里夫兰。

他在哈佛大学里一个很棒的研究所里面，长年以来一直针对食木虫（也就是白蚁）肠子里的原生动物，做实验与研究。这是现代生物学里面，最需要耐力、最需要聪明智慧的实验与研究之一。

另外，也不能忘了，随后会常常有引用机会的布尼恩（E. Bugnion），他那些研究论文令人深感兴趣。

其他的部分，就请看书末的参考文献。

这份文献，虽然无法与膜翅类的文献相较，不过，可以看出某些政治性的、经济性的、社会性的构造概略。

换句话说，我们照目前这个步调前进，倘若我们的行动还不算太迟的话，这份文献已经足够让我们看见，我们即将遭遇的命运，会是什么景况了。我们很可能可以在这份文献中，发现一些深具意义的教训或指示。

我要再重复说一次，白蚁不同于蜜蜂或蚂蚁，它们与我们的关系既遥远又相近。而且，它们的凄惨、精彩、友爱等等，这么具有人性的生物，地球上除了白蚁，再也找不到其他类似的生物了。

乌托邦主义者们在超越想象力的地方，寻求未来世界的模型。但是，在我们面前，却有一座有如在火星、金星或木星才看得到的社会，一座奇幻的、不像真实的、预言式的社会模型。

四

白蚁不是蜜蜂那一类的膜翅目，科学上很难为它们分类，似乎也还没有决定性的确实分类，但是，一般都放在直翅目、脉翅目、啮虫目底下。现在，组成了明确的一个目，也就是等翅目；也有一些昆虫学家，因为它们社会性的本能，而把它们放在膜翅目底下。

大白蚁大致上栖息于热带或亚热带。就像前文说过的，虽然名字叫白蚁，但是它们却很少是白色的。它们的颜色接近于栖息土地的颜色，体长视种类而不同，从 3 厘米到 10–12 厘米，换句话说，它们也可能跟人工饲养的蜜蜂一样大。形态则多到令人难以相信，我们在后面会提到，至少大多数的白蚁，画得不好的话，会有点像蚂蚁。有横线的长腹部，柔软得令人想到幼虫。

一样在后面会提到的，就是很少生物像白蚁一样，在大自然中，它们取得的生存竞争用武器，是那么的少。

它们没有蜜蜂的针，也没有世仇蚂蚁那种可怕的、明角质的盔甲。一般当它们有翅膀的时候，翅膀只是带领它们面临大杀戮而已，给它们翅膀，只是为了愚弄它们。

它们迟钝笨重，不够灵敏，无法迅速逃离危险。

它们像幼虫一样容易受伤，面对贪婪嗜吃白蚁美味肉质的鸟或昆虫，它们毫无防备。

它们只能生活在赤道地区，然而，矛盾的是，它们一旦暴露在太阳光下，就会立刻死亡。

它们虽然绝对需要湿气，可是，却几乎常常生活在七八个月里面，连一滴雨都不下的地方。

简单地说，就像大自然对待人类一样，大自然对待白蚁也同样不当、充满恶意、讽刺、反复无常、毫无道理。

可是，大自然像得了健忘症，或说只是个从不赋予关心的继母，大自然给白蚁的唯一有利条件，就白蚁来讲，就是它们的本能，就人类来讲，不知道为什么，叫作知能。

它们像人类一样，善加利用这看不见的微小力量，至少到今天为止，它们利用得比人类还好。

它们利用这种连名字都不确定的小小力量，改造自己，跟我们一样，创造出在出生时所没有的武器。然后，建立组织，让敌人难以攻击，维持都市需要的温度与湿度，确保未来，无限繁殖，在地球上成为一个更强韧、更稳固、更可怕的占领者与征服者。

白蚁常常都是很丑陋的，但是，有时候却是一种很美妙的昆虫。在我们所知的所有生物之中，它们跟我们一样，是从悲惨的状态出发，就某个观点来讲，它们的文明，是唯一达到跟今日的我们相同程度的生物。因此，我认为对这种生物产生兴趣，是有好处的。

第一章　白蚁的巢

里面蠕动着数百万的生命，从外面却看不出里面有生命的迹象。如同花岗岩的金字塔一样荒凉，不管日夜，都完全感觉不出那里正在进行任何异常的活动。

一

白蚁有1200种到1500种，较广为人知的是以下这些白蚁：

会制造大蚁冢的武卫大白蚁（Macrotermes bellicosus）、丛林须白蚁(Hospitaliteemes nemorosus)。

出现在欧洲的避光散白蚁（Reticulitermes lucifugus）、隐晦小白蚁（Microtermes incertus）、普通土白蚁（Odontotermes vulgaris）、家白蚁（Coptotermes）、婆罗洲家白蚁（Coptotermes bornensis）。

拥有针的军队Mangensis、鼻白蚁（Rhinotermes）、平扁白蚁（Termitogeton planus）、细长异身蚁（Tenuis）、马来原针白蚁（Proaciculitermes malayanus）。

有时候会在地上生活，兵蚁会一边包围着运送物品的工蚁，一边在丛林里面，排成一列长队伍通过，少见的白蚁客居姬草白蚁（Microhodotermes viator）、长脚白蚁（Longipeditermes longipes）、具孔长颚白蚁（Foraminifer）、黄球白蚁（Globitermes sulphureus)。

狰狞的兵蚁，毅然攻击树木的杰斯家白蚁 (Coptotermess gestroi)。

后面会谈到的，兵蚁会以一种非常独特的节奏，发出神秘打击音的黑鼻大白蚁 (Macrotermes carbonarius)、砖红土白蚁 (Termes Lalericus)、躁白蚁 (Lacessititermes lacessitus)、戴维土白蚁 (Odontotermes dives)、吉福大白蚁[1]、透体长鼻白蚁 (Schedorhinotermes translucens)、美观隆额白蚁 (Speciosus)、温驯白蚁 (Termes comis)、宽角白蚁 (Termes laticornis)、短角白蚁 (Termes brevicornis)、黑翅象白蚁 (Nasutitermes fuscipennis)、黑翅歧颚白蚁 (Havilanditermes atripennis)、圆翅象白蚁 (Nasutitermes ovipennis)、循规象白蚁 (Regularis)、隐尖额白蚁 (Oriensubulitermes inanis)、宽额象白蚁 (Nasutitermes latifrons)、细角躁白蚁 (Filicornis)。

栖息在波罗洲的垢身躁白蚁 (Lacessititermes sordidos)、劳工躁白蚁 (Lacessititermes laborator)。

形状有如公山羊角的大颚，像翅膀般张开，跳跃距离 20 厘米到 30 厘米的歪白蚁属 (Capritermes)、粗颚白蚁属 (Zootermopsis)。

进化很慢的家白蚁属 (Calotermes)。

除此之外，还有数百种类，不过，一一列举太枯燥了。

我想附带说的是，观察这种几乎不露面的昆虫习性，是最近才刚开始的，数据并不完整，许多方面都处于模糊不清的状

---

① 译注：Termes Azarellii 是旧学名，新学名是 Macrotermes gilvus。

况，而且，白蚁社会本来就充满了神秘。

事实上，白蚁栖息的地方，都是一些跟欧洲比起来，科学家极少的国度，而且，在美国人对白蚁产生兴趣以前，白蚁都不是实验室里的昆虫。

要像蜜蜂或蚂蚁那样，在巢里或玻璃瓶里面进行研究，几乎是不可能的。就连佛雷尔、珍纳（Ch. Janet）、拉伯克、巴斯曼、可尔尼兹这些优秀的蚂蚁学者，也没有机会研究白蚁。白蚁会进入昆虫学教室，一般来讲，就是为了去破坏教室，把教室吃光。

另一方面，挖掘白蚁的巢既不容易，也不舒服。覆盖着巢的圆屋顶是坚固的水泥，不用斧头砍，不用火药爆破，是没办法挖开的。

原住民常常会因为恐惧或迷信，而拒绝协助研究家。德比尔谈到他去刚果的旅行，为了防止数千只白蚁在一瞬间将研究者包裹住，并且咬着不放，研究者必须穿上皮衣，还必须把脸遮住。

即使这么辛苦，打开了白蚁的巢，也只能看到可怕的大混乱情景，绝对无法了解白蚁日常生活的秘密，而且，也绝对无法抵达深埋在地下数米处，最后的巢。

70年前，法国的昆虫学家雷斯佩斯，专心研究非常小的欧洲白蚁，是一种被认为是退化的白蚁。

这种白蚁呈半透明的白色，带着隐隐约约的琥珀色，很容易把它们跟蚂蚁混淆了。在西西里岛的卡达尼亚地区或波尔多附近的荒野，特别容易找到这种蚂蚁，它们以松树的老旧断枝为巢。

它们跟炎热国家的白蚁不同，很少闯进房子里面，危害人类的程度还不至于让人类要去消灭它们。

它们体长如小只的蚂蚁，看起来脆弱而衣衫褴褛，数量也很少。它们无害，且几乎毫无防备，是贫穷的白蚁，很可能是避光散白蚁（Reticulitermes lucifugus）的远亲。

总之，这种白蚁，只能大概告诉我们一些热带共和国的组织与习俗。

二

有一种白蚁，是生活在无数的坑道中，这些坑道一直延伸到根部的树干里面。还有一种白蚁，例如树居象白蚁（Termes arboreum），它们的巢会紧紧固定在树枝上。这种巢可以抵御强烈的台风，要拿到这种巢，唯一的办法就是拿锯子把树枝切下来。

但是，典型的大型白蚁巢，都是在地底下。它们的巢具有最奇幻，最令人惊奇的构造。

巢的构造，会因地区的不同而不同，即使在同一个地区，也会因为种属、土地条件、可能得到的物质，而有各种不同的变化。白蚁的才能是无止无尽的，它们会适应所有的状况。

澳洲白蚁的巢最奇怪，沙维尔·肯特拍过几张澳洲白蚁巢的照片，刊登在他堂堂四开版《澳洲的科学家》里面。有时候，巢是底部圆周约 30 步，高三四米，凹凹凸凸，单纯的白蚁冢。有时候，外观像巨大的泥土堆或像可怕的沙岩泡，好像碰到西伯利亚寒风，就会立刻凝固起来似的。

这又让人想到，因为太出名，而被许多参观者拿火把熏洞窟的悲哀巨大石笋。

也让人想起某种野生而孤独的蜜蜂，就像把这种蜜蜂储存蜂蜜的巢，扩大十万倍一样，是许多不定型的巢穴的堆积。

也会让人联想到堆栈混杂在一起的香菇、用线连接起来的海绵、经过风吹雨打后干掉的草或是一大捆的麦秆、诺曼底或皮卡地或法蓝德尔的麦堆。麦堆的形式跟房子的形式一样的清楚而稳定。

更值得注意的巢，是只有在澳洲才看得到的，被称为普苏尔（罗盘）、马聂吉可（磁铁）、梅里吉安（子午线）的白蚁巢。巢较宽的部分朝南，窄的部分朝北，巢的方向总是指着南北方，所以才会取这种名字。

昆虫学家对于这种巢奇妙的坐向，提出了各种假设，但是，还没得出一个确定的解释。这种巢有突出的针、如花开了似的尖塔群、各种支撑壁、突出而重叠的水泥层。

这种巢会让人联想到历经数世纪，受到侵蚀的大教堂，或是古斯塔夫多雷（Gustave Dore）描绘出的城堡废墟，或是雨果稀释了墨水渍或咖啡渣，描绘出的幽灵城堡。

比较保守形式的其他白蚁巢，看起来会像是很高的波形列柱。有的耸立高达 6 米，像是历经数千年的岁月淘洗、腐蚀、风化后的金字塔或石碑。

之所以会产生这么奇怪的建筑物，是因为白蚁是从内侧开始建造房子的，不是像我们从外侧开始建造。它们的眼睛看不见，所以不知道自己建了什么。可是，就算眼睛看得见，也因为它们绝对不会到外面去，所以无法理解自己建好的东西吧！

它们只关心房子的内部，不关心外观。它们建造房子的方法，是从内部用摸索的方式建的（人类不会有任何一位工匠，会愿意冒这种危险吧）。

它们建造房子的方法，到现在还是个没有解开的神秘谜团。还没有人看过白蚁筑巢，在实验室中观察也很困难。因为白蚁会立刻用它们的水泥，覆盖住玻璃，为了配合需要，它们会用特别的液体让玻璃模糊不清。

请别忘了，白蚁毕竟是地底下的昆虫。它们会先钻进地底下，在地底挖掘，然后，一边挖土，一边配合聚落的需要，变化住所的高度与宽度。但是，在这个空间中，次要却必须完成的上层结构，就是白蚁冢。

但是，花了四年，仔细研究锡兰白蚁的普罗旺斯昆虫学家布尼恩，在他的研究报告中，我们可以想象这些白蚁的做法。

针对椰子树上的锡兰象白蚁（Nasutitermes ceylomicus，这是拥有针的兵蚁种类，关于针的部分，后面会再提到），布尼恩说：

“这种白蚁在土里面，或是椰子树根下，有时候，也会在原住民用来挤糖汁的吉丘尔椰子的根里面筑巢。

从根部到顶上的芽，借由沿着树干垂下来的灰色绳子，就可以知道这棵树有白蚁。大约如铅笔般粗细的绳子，变成小小的隧道，工蚁与兵蚁利用这条隧道，前往树顶有食物的地方，防止蚂蚁的骚扰。

固定好木屑与泥土，制造出来的锡兰象白蚁的绳子，对科学家而言，是很宝贵的研究材料。用刀子切开隧道的一部分，用放大镜去看，就可以观察它们的修补工程。

1909 年 12 月 19 日，这种实验在西尼哥达的农园进行。

早上八点，天气晴朗，温度计指着25度。绳子位于东侧，承受日光直射。将绳子表面先刮开长1厘米的切口，立刻有10只兵蚁出现在切口处。

它们想要跟敌人作战，触角朝外，略微往前，排成圆形。

我离开那里15分钟，回来时，看到所有的白蚁已经回到坑道，专心修理毁坏的部分。

一排兵蚁，排好阵势在破口的地方。它们头露在外面，身体藏在里面。触角敏捷地动着，全力咬住裂开处边缘，用唾液使边缘湿润。

边缘的颜色比其他部分深，湿润的边缘已经可以看到周围，不久，一只白蚁走了过来，它似乎是工蚁中的一员。它用触角确认位置之后，突然改变方向，露出屁股，从直肠滴出黄褐色不透明液滴，滴在破损的地方。

没多久，另一只工蚁（也是从里面来的），口里衔着一粒砂子出现，这块小碎石被放在小水滴上面，事先决定好的位置。

工程以固定的形态重复着。一只工蚁检查破掉的地方，然后转身，滴出黄色液滴，接下来，会有另一只白蚁，拿着一颗砂子放在边缘。

这项交互进行的工程，我持续看了半个小时。有的白蚁也会拿小木屑来代替砂子。兵蚁的触角不断动着，看起来，它们的任务就是要保护工蚁，并且监督工程。

它们跟一开始一样，在破掉的地方排成一列，但是，工蚁一出现，它们就会挪出空位，好像在对工蚁下达指示，告诉它们东西该放在什么地方一样。

完全从内部进行的修补工程，持续了一个半小时。

兵蚁与工蚁比较起来，工蚁数量比较少，不过，它们的工作分配，是彼此都同意的。”

另一方面，艾叙利博士在某个热带植物园，有机会观察到雷氏土白蚁（Odontotermes redemanni）的做法，注意到它们的计划是非常明确的。

它们先使用烟囱，建好一个立脚的地方，然后，把空洞的部分全部填起来，以便把这个立脚处变成坚固的建筑物，全力把墙壁弄平，完成它们的巢。

三

在昆士兰、西澳、约克海湾，特别是阿尔巴尼山道附近，白蚁的巢会有一定的间隔，有的地方会对称排列，长达 2000 米。

这让人想到上一章谈到过，被麦秆堆覆盖的广大田园、乔沙法谷的墓石、被丢弃的陶器工厂、不列塔尼亚半岛地区，卡尔纳克的奇怪古代石柱数组。

从船上甲板看到这幅景象的旅行者，非常惊讶，甚至无法相信这是比蜜蜂还小的昆虫建造的。

事实上，比例上很不相称，令人难以相信一个是创造者，一个是被造物。白蚁的巢平均约有 4 米，可是，以人类的身高比例来做比喻，这就相当于 600 米到 700 米高的人类建筑物。人类以前不曾建造过这么高的建筑物。

在地球上的其他区域，也有白蚁巢密集地。但是，因为白蚁巢是很优秀的水泥，非常有用，特别是有的文明，会把白蚁巢当做建筑道路与建筑物的原料，因此，这些白蚁巢密集地已经渐渐消失了。

白蚁学会了面对所有动物时，需要的自我防卫法，可是，它们没有预料到今日的人类。

1835年，探险家欧兰在巴拉圭北部，发现了一座圆周约16000米的白蚁联邦，巢与巢之间的间隔，约只有五六米，非常密集。从远处看过去，看起来就像是排列着无数小建筑物的大都市一样，借用探险家的话，这是一幅令四周的风景显得格外浪漫的景象。

但是，最大的白蚁巢是在中非，特别是比利时领地刚果发现的，甚至高六米的巢也不少，有的高达七八米。

在孟波诺，类似丘陵的白蚁巢上盖了坟墓。

卡丹高地的伊利沙白大楼，可以俯瞰四周田园，那里有一条林荫大道，将白蚁巢分割开来，贯穿全市。这种巢的高度，比巢的正对面的小木屋，还高两倍。在建造沙加尼亚铁路的时候，还必须用火药爆破好几个比火车烟囱还高的白蚁丘。

在这个国家还可以看到，一些切开来看，有如两三层楼真正的房子似的，馒头形的白蚁巢，宽敞到人类都可以住进去了。

这些不朽的巢非常坚固，就算当地常常出现的龙卷风，把大树刮倒在这些巢上面，或是为了吃巢上方生长的草，许多大型动物常常在那里爬上爬下，这些巢还是纹丝不动。

白蚁巢的成分是泥土，或者应该说是一种水泥，这种泥土非常肥沃。这也是因为在建筑物内部，小心维持的湿气，所以，这些泥土充满水分，而且，还是经白蚁咬过，通过它们肠子内部形成的东西，所以才会肥沃。有时候，也会长出树木。奇妙的是，白蚁破坏一切它们遇到的东西，却又让树木生长，真是了不起。

这些巢的年龄多大呢？

要推算巢的年龄是很困难的。总之，这些巢的成长非常缓慢，一年中几乎没有变化。就像用最好最坚固的石头做出来的一样，随时都可以抵御住热带的豪雨。不断的小心修补，使巢可以维持良好状态。只要没有大灾害或疾病，不断重生的聚落，就没有结束的理由。因此，许多白蚁冢，应该都是很久远的以前建造的吧！

昆虫学家佛罗葛特调查过许多个巢，但是，却只找到一个已经被放弃，白蚁都死去的巢。

另一位科学家G.H.西尔认为，北昆士兰的巨颚白蚁属（Drepanotermes Silvestri）白蚁或罗伦斯钩颚白蚁①的巢，有百分之八十，都渐渐遭到一种Iridomyrmex sanguineus蚂蚁侵略，然后，就遭到永久占领了。

蚂蚁与白蚁之间，自古以来的战争，等后面再叙述吧！

四

我们跟着佛罗葛特，一起打开其中一个巢吧！

里面蠕动着数百万的生命，从外面却看不出里面有生命的迹象。如同花岗岩的金字塔一样荒凉，不管日夜，都完全感觉不出那里正在进行任何异常的活动。

---

① 译注：旧学名Hamitermes perplexus，新学名Amitermes laurensis。

就像我先前说过的，要探索白蚁的巢并不容易，在佛罗葛特之前，很少有科学家得到满意的结果。

著名昆虫学家西德尼改善方法，准备了比前人更好的工具。首先，他用锯子在中央的部位，从上面往下斜切下去。综合他与沙比吉的观察，可以大致清楚地描绘出白蚁巢的隔间。

圆屋顶是用咬碎的细粒状木头做成的，许多条通路从那里，呈放射线状延伸出去。圆屋顶的下面，有个圆形块状，那是位于巢的中央，距离地基有 15 至 30 厘米的地方。

这个块状的大小，会随巢的重要性而改变，但是，以人的比例来看，可就比罗马的圣彼得大教堂的圆顶还要大、还要高了吧！用火去熏的话，会像纸一样卷起，是用很薄很柔软的木质薄层做成的。

英国的昆虫学家称此块状为“育儿室”，我们称之为“巢”，所以，相当于蜜蜂的蜂房。

那里通常会有数百万只如针头般小的幼虫。大概是为了换气吧！墙壁上有数千个小小的洞，那里温度明显比巢的其他部分高，白蚁似乎比我们还早知道中央暖气的优点。

当外面空气的温度比较低时，就更清楚巢内的高温。沙比吉曾提到，有一天，他突然打开中央的大通路，想要近一点看的时候，一股热气冲到脸上，令他差点窒息，不禁往后退，连眼镜的镜片都整个起雾了。

温差若超过 16 度，白蚁就会全部死掉。对白蚁来讲，这是攸关生死的问题，但是，它们如何保持固定的温度呢？

沙比吉利用热吸虹管来说明。也就是说，借由扩散到整个居住区的数百条通路，确保湿风与冷风的循环。热源不是来自太阳，大概是来自草或潮湿木屑的发酵。

蜜蜂也会调整整个巢的温度或各个部分的温度，它们的温度不超过华氏 85 度，冬天不会降到 80 度以下。稳定的温度是借由食物的燃烧与集体振动翅膀来保持。在蜜蜂精制的蜜房中，借由工蜂的营养摄取过剩，让温度提高到 95 度。

在“育儿室”的两端，有一些像砂子般白而细长的蛋，堆积成小山的形状。从那里通过走廊往前走，会出现好几个美丽的房间。再往下走，就会抵达白蚁蚁后的房间。

这个房间，以及与这个房间比邻的房间，都是用圆天花板覆盖。女王房间的地板完全没有起伏；拱形的低天花板，是类似时钟玻璃般的圆弧形。女王不能离开这个房间，但是，保护女王、照顾女王的工蚁与兵蚁，可以自由出入。

根据史密斯曼的计算，女王约是工蚁的两三倍大。

对已经进化的白蚁，特别是武卫大白蚁（Macrotermes bellicosus）或是那塔兰大白蚁（Natalensis），这个计算结果似乎是正确的。因为白蚁女王的大小，一般来讲，与部落的大小有直接的关系。

普通的白蚁，根据沙比吉的调查，工蚁的体重如果是 10 毫克的话，女王就是 12000 毫克。相反的，进化慢的白蚁，例如家白蚁属（Calotermes），女王只比有翅白蚁略大而已。

女王的房间可以扩大，随着白蚁女王的腹部越来越大，房间也会不断扩大。国王会跟女王住在一起，可是，总是很害怕，躲在妻子大大的肚子下面，几乎看不见。后面会再度谈到女王夫妻的命运、不幸与特权。

通过大道，从这些房间来到地底下，会出现好几个用柱子撑住的大厅。隔间几乎不太有人了解，因为要调查这些大厅的结构，就必须用斧头或铁镐把巢破坏掉才行。我们能够知道的，是那里也跟女王房间四周一样，重叠着许多小房间，里面有隶属于各种成长阶段的幼虫或蛹。

越往下面，白蚁就越大，数量也会更增加。那里也有用咬碎的木头或切成切片的草，所堆建出来的仓库。那是整个聚落的粮食，而且，如果新鲜木头不足，粮食缺乏的时候，白蚁就会像童话故事那样，将建筑物的墙壁当成粮食的来源了。因为建筑物的墙壁，在白蚁的世界里面，是用优秀食品的排泄物建造出来的。

某一种白蚁，会用巢的上半部来培养特殊的菌。这种菌取代了下一章会谈到的原生动物，让老木头或甘草产生变化，担负着同化的责任。

在别的聚落里面，真正的墓地就建在巢的上方，关于这一点，可能是如以下的假设。

也就是说，有意外或疾病的时候，存活下来的白蚁，将无法在有效期限内消耗掉的许多尸体，堆在靠近巢的表面处，利用太阳的热度让尸体急速干燥。它们再把这些干燥物弄成粉保存下来，作为部落的年轻人的粮食。

巨颚白蚁（Drepanotermes silvestri）甚至拥有活的保存食品、活的会动的肉。当然，这些肉已经无法行动，不太适宜用“活着会动的肉”来形容了。

神秘的白蚁政府，基于我们看不透的理由，一旦认定蛹的数量超过需要的数量，为了避免浪费，会切掉过剩的蛹的脚，关进特别的房间，然后配合共同体的需要，把这些当作粮食。

巨颚大白蚁巢里，也可以看到卫生设备。它们把排泄物堆在小房间里面，固定起来，大概味道也会变好吧！

以上就是白蚁巢里面大概的格局。可是，白蚁巢有很多种。这个世界上，没有任何动物会像白蚁那样，那么会创新，它们适应状况的能力，巧妙而柔软，超过人类。而且，我们在下面的叙述中，有好几次机会，可以确认白蚁的这种能力。

五

一般来讲，随着巢往上延伸，巨大的地下室就会往下沉。从地下室延伸出去的长坑道，呈放射线状延伸到很远，抵达到提供纤维素的树木、荆棘、草、房子……

因此，在锡兰岛、澳洲的周四岛或约克海湾各岛，都因为有长达数公里的白蚁地下道，有些地区已经成了完全不能居住的区域了。

在特兰斯瓦[1]或纳塔尔（Natal）那一带，都有白蚁挖的坑道。U. 福拉曾在 635 平方米的狭窄地点，发现 14 到 16 个六种不同种类的白蚁巢。在卡丹高地，常常在一公顷地上，会发现一个 6 米高的巢。

白蚁与可以在地面上到处自由来去的蚂蚁不同，除了稍后会提到的有翅白蚁之外，都不能离开温度与湿度都很高，像坟墓般的黑暗之地。

简单地说，为了补给粮食，必须跨越无法预测的阻碍时，

① 译注：南非的 Transvaal。

就要动员白蚁都市国家的工程师与工兵。它们使用的材料，是与粪便巧妙捏揉的木屑，建设坚固的地下道。

没有支柱的时候，这些地下道是管状的。可是，这些技术高超的白蚁们，会尽最大极限的努力，节省劳动力与原料，因此，不管多小的状况，它们都可以用惊人的巧妙技术加以利用。

它们扩大可以利用的龟裂，加以修正，互相连接、磨合。当地下道沿着外墙延伸的时候，有一半会做成管状。若是利用两个墙面的角，地下道通过那里的时候，就只单纯地用水泥覆盖住那里，形成通道。借由这种方式，可以节省三分之二的劳动力。

严格来讲，配合白蚁的身高，可以挖掘出来的坑道中，到处都设置了类似人类世界中，在狭窄山道里可以看到的会车处。因此，背负着粮食的挑夫，可以毫无困难地擦身而过。就像史密斯曼发现到的一样，当来来往往非常频繁的时候，坑道就会分成去与回两边。

在离开地下室之前，希望读者们注意，充满许多不可思议与神秘的白蚁世界里面，有一个更不可思议、更神秘的优点，那就是我已经约略提过的，白蚁巢里面的湿度。

晒干泉水、烤干地上所有生物，甚至让大树的根都干透了的热带酷暑、空气与大地的干旱，它们都不在乎。它们成功地让住所保持着令人惊讶的稳定湿度。

因为这种现象非常异常，令人感到迷惑。伟大探险家，也是细心的科学家，戴维利瓦伊斯顿博士（史坦雷在1871年，在坦干伊克湖畔与他相遇）问了自己以下的问题：白蚁巢的居民们，是不是利用我们不知道的方式，成功地使大气中的氧与植物性食品的氢化合，配合水的蒸发，重新组成它们需要的水呢？

目前还没有人提出正确的答案，这只是假设。我们不得不承认，白蚁是可以教导我们的化学家以及生物学家。

第二章 食 物

白蚁跟人类一样，做事情时也是灵巧而有系统的。人类，是知能的胜利，白蚁，则是事物的力量，以及大自然的灵魂。

面对食物这一项所有生命的根本问题，除了某些种类的鱼之外，白蚁比其他任何动物，都更能完全而科学化地解决。

它们只以纤维素作为粮食，包括矿物在内。纤维是地球上最丰富的物质，所有植物的固体部分，也就是架构出植物骨架的部分都是。只要有树、根、荆棘或草的地方，白蚁都可以找到无穷的粮食。

可是，它们与大部分的动物一样，都无法消化纤维素，它们究竟如何同化纤维素呢?

它们会顺应纤维素的种类，巧妙地用两种方法，解决无法消化的困难。就拿等一下会提到的真菌白蚁来讲，问题就很简单了。可是，我们还不清楚其他种类是怎么处理的。

克里夫兰利用他在哈佛大学研究所的丰富资源，最近才完全解决这个问题。首先，在人类研究过的所有动物中，确认了吃树木的白蚁，肠子里面有最多样性、最多量的原生动物。

白蚁的原生动物，约相当于白蚁体重的一半，有四种鞭毛虫盘踞在它们的内脏中，按照大小顺序是 Trichonympha campanula、有好几万只的 Leidyopsis sphaerica、Trichomonas、

Streblomastix strix。在其他动物身上，几乎看不到这些鞭毛虫。

要除掉这些原生动物，只要把白蚁放在 36 度的温度下，放置 24 小时就可以了。

白蚁本身对这种温度似乎无所谓，可是，腹部的寄生虫却全部都死了。

没有原生动物之后的白蚁，用专业术语来讲，就是“进行原生动物不在化”之后的白蚁，只要给它们纤维素，它们就可以存活 10 到 20 天，可是，接下来会饿死。死亡前，只要恢复原生动物的存在，白蚁就可以继续无限地活下去。

克里夫兰的实验中，不管是少了 Trichonympha 或 Leidyopsis，宿主都可以无限地活下去，可是若少了 Trichomonas，白蚁无法活超过 60 至 70 天。

Streblomastix 对宿主的生命，不会有任何影响。

原生动物的生命就跟白蚁的生命一样，关系着其他原生动物的存在。拿掉 Trichonympha 的时候，Leidyopsis 会非常急速地繁殖，以便取代 Trichonympha。如果 Trichonympha 与 Leidyopsis 都消灭了，那么 Trichomomas 会取代这两种原生动物的一部分。

这些有趣的实验，是针对太平洋的大白蚁（Termopsis nebadensis hagen）所做的。利用断绝食物，或使食物氧化，能够自由除去其中一种原生动物。例如 Trichonympha campanula，只要断绝食物 6 天就会消灭，可是，其他 3 种还会存活。断绝一个礼拜的食物，Leidyopsis sphaerica 才会消灭。Trichomonas 在大气中经过 24 小时的氧化才会灭亡，其他 3 种却可以忍受氧化的环境。还有其他各种实验。

可以用显微镜看到，原生动物在宿主的肠子里，借由陷入来吸收、消化树木的粒子，接着被白蚁消化，然后死亡。

克里夫兰的实验，据说是针对十万只以上的白蚁进行的，要在这里全部说完，是不可能。

白蚁要同化蛋白质，需要空气中的氮，它们如何制造出这些氮呢？或者说，它们是如何将碳水化合物变成蛋白质的呢？

这类问题目前正在研究中。

更进化的大型白蚁，没有肠内原生动物，它们将纤维素最初的消化，交给微小的隐花植物处理。

它们将胞子撒在巧妙准备好的混合肥料上，然后在巢的中央，制造出真菌的培养床，就像以前在巴黎郊区的地下采石场中，培养食用原竹的专家一样，用方法培养蕈类。那是一座真正的庭院，排放着栽培 Volvaria eurhiza 或黑柄炭角菌（Xylaria nigripes）的堆肥。

现在还没有人知道它们栽培的方法。克里夫兰本来打算在实验室中，制造出所谓“蕈之头”的白色球，可惜失败了。这些蕈类只能在白蚁巢里面繁殖。

移民后，为了建设新的聚落，要离开故乡的都市国家时，它们总是不会忘记，要带走这些真菌，或者至少带走这些真菌的胞子。

白蚁的双重消化，起源来自什么呢？

我们来做一点多少可以接受的推测。

我们在第二纪或第三纪，发现了白蚁的祖先，可是，数百万年前，它们应该拥有很多不需要借助寄生生物，就可以消化的食物吧？饥荒来临，它们变得必须去吃木屑吗？然后，在数千种滴虫类之中，只有让特殊原生动物居住的白蚁，才能存活下来吗？

就如大家都知道的，腐蚀土是由细菌分解、消化后的植物性物质组成的，可是，我想说的是，它们到今天还是可以直接消化这些腐蚀土。拿掉原生动物，快饿死的白蚁，只要一进行腐蚀土的食饵疗法就会复活，会无限繁殖。经由这种疗法，原生动物很快又会出现在肠内，这是事实。

可是，为什么它们会放弃腐蚀土呢？是因为在炎热的国家，腐蚀土并不像纤维素那样丰富，很难获得腐蚀土吗？是蚂蚁的出现，使得腐蚀土的补给更加困难，也更加危险吗？

根据克里夫兰的假设，它们以腐蚀土作为养分的时候，同时，也摄取包含原生动物的木屑。可是，或许因为原生动物繁殖的关系，它们就习惯了吃树木了。

这些假设，多少都还有提出不同意见的空间。有一个假设被故意忽略了，那就是白蚁的知能与意志。它们准许那些在帮助消化的原生动物住在体内（这一件事情，使得它们放弃腐蚀土，使它们变成有可能任何东西都能吃），我们为什么无法认同这是件好事呢？如果人类处于与它们相同的状况下，做法也一定与它们一样。

若针对真菌白蚁来讲，也就是会培养真菌的白蚁，只有最后的假设是适当的。

在穴仓中堆放的草、木屑上面，本来就会自然长出真菌，这是很明显的。这些真菌供给了远比腐蚀土或木屑更丰富、更确实、更直接可以同化的食物。而且，它们也确定，真菌的优点，是可以解放白蚁，让白蚁不用再负荷原生动物这个麻烦。于是，它们立刻进行隐花植物的方法性栽培。

它们的栽培方法逐渐完成，到了今天，在它们院子里生产的其他蕈类，全都经过小心的除草后被拔除，只让最好的伞菌（Agaricus）与炭角菌（Xylaria）两种菌类繁殖。而且，栽培真菌的院子旁，还准备了补充用的临时院子，保存了足以紧急制造苗床的种子。当胞子突然失去力量（在隐花植物反复不定的世界里面，这种事情常常发生），无法繁殖时，可以用这些紧急种子来取代。

很明显的，这些全部（至少十之八九）都应该归于偶然。巴黎郊区的蕈类栽培地，会想到实用的蕈类温床栽培法也只是偶然，就像在证明，白蚁的真菌栽培也是偶然一样。

我想，我们人类大部分的发明，也都可以归之于偶然。我们的成功，几乎都是来自于大自然的指引与暗示，提供我们成功的线索。我们利用这些暗示，加以运用，得到一些成果。

白蚁跟人类一样，做事情时也是灵巧而有系统的。人类，是知能的胜利，白蚁，则是事物的力量，以及大自然的灵魂。

第三章　工　蚁

工蚁是居民的集体胃肠。在这个共和国中，用经济的观点，实现了理想，一种有如大自然的提议似的卑微理想。

白蚁的社会经济构造，比蜜蜂更加奇异、复杂、与众不同。

蜂巢里面有雌的工蜂、卵、雄蜂以及一只只不过是生殖器官相当发达的雌工蜂，也就是女王蜂。它们以工蜂（雌）收集的蜂蜜与花粉当为粮食。

白蚁的多形现象就比蜜蜂更让人惊奇。根据佛利兹、葛拉西、山迪阿斯这些白蚁学古典派学者的说法，从相同外观的卵之中，会生出 2 至 15 种不同的白蚁。由于没有适当的称呼法，所以，就将这些命名为形态一、二、三。

在这里，我们不详细列举出这些形态复杂而过于专业的细节了，仅先检讨三种阶级。三种阶级可以称为劳动阶级、军人阶级、繁殖阶级。

众所周知，在蜜蜂社会中，是母系支配的社会，是绝对的母权制。

在先史时代的某个时期，经由革命或进化，雄蜂被赶到后面去。只有它们之中的数百只，在限定的某个期间内，被当做无法避免之恶，得到大家接受。它们很像雌工蜂生的卵，可是，是从没有受精的卵里面生出来的。

它们组成了王子阶级，因懒惰、不断地吃、吵闹、玩过头、享乐主义、麻烦人物、愚蠢，而公然受到轻蔑。它们拥有很优秀的眼睛，可是，智能低落，被剥夺了所有的武器。

雌工蜂的针，是在远古时期，它们的处女性将卵管变成了有毒的短剑，可是，这些王子阶级并没有这种针。它们在结婚飞行之后，一完成使命，没有得到任何称赞，就遭到杀戮。慎重、毫无慈悲心的处女蜂们，不会用短剑刺穿它们，因为这是拿来杀敌，很宝贵而脆弱的短刀。处女蜂将雄蜂的翅膀扭断，将它们丢到巢的外面，让它们饥寒交迫而死。

在白蚁的社会中，自发性地摘除性器，取代了母权制。

工蚁中有雌性与雄性，它们的性器官完全萎缩，两者几乎没有差异。它们的眼睛完全看不见，没有武器也没有翅膀。它们负责纤维素的采收、同化与消化等工作，供养着其他所有居民。

工蚁之外的居民（后面会提到的国王、女王、军队，或是奇妙的代理人、成虫的有翅白蚁），都无法使用自己可以碰触到的粮食。

就像兵蚁，它们的下颚太大，食物无法接近嘴巴，所以，有的会在美味的纤维素山上饿死。

另外，就像国王、女王、离巢的有翅白蚁成虫，或是为了在君主死亡或能力不足时，可以取代君主而保存，并遭到监视的白蚁，它们的肠子里面没有原生动物，所以有的也会饿死。

只有工蚁具有进食消化的能力，也就是说，它们是居民的集体胃肠。

不管属于哪一个阶级，白蚁一旦空腹，就会向经过的工蚁发出暗号。工蚁会立刻将自己胃里面的东西，提供给这位未来可能成为国王、女王或有翅白蚁的年幼食物恳求者。恳求者如果是成虫的话，工蚁会背过去，慷慨地把肠子里面的东西给对方。

很明显的，这是完整的共产主义，甚至还推进到集体粪食的食道与肠的共产主义。在这个繁荣的共和国里面，没什么东西是要丢弃的；在这个共和国中，用经济的观点实现了理想，一种有如大自然的提议似的卑微理想。

若有哪一只脱皮了，它的皮就会立刻被吃光。不管是劳动者、国王、女王、军队，任何一只一死，尸体立刻就会被还活着的白蚁吃掉。所有的东西都是有益的，没有任何东西会被乱丢；所有的东西都可以吃，所有的东西都是纤维素。

就连排泄物也几乎被无限地再利用，而且，排泄物是它们所有产业的原料，包括前一章提过的食品产业。

例如，它们尽最大的努力去维护坑道的内墙，加以研磨，涂上漆。它们使用的漆，就是它们的粪便。

它们制造管子、立起支柱，建造大大小小的房间，设置王室，将裂缝补好，修理龟裂（新鲜的空气或光闯进来，是最可怕的事情），这一切都是靠它们消化的残渣。

它们简直就好像利用科学，因而超越了所有的偏见与嫌恶的优秀化学家。大自然中，没有任何东西是它们所嫌恶的，所有的东西以化学眼光来看，都没有差别。它们确信，所有的东西都会回归为单纯、独特、纯粹的物体。

配合它们要做的工作或必要的状况，它们控制物体又改变物体，它们拥有令人惊异的能力。

工蚁划分为大白蚁与小白蚁两种阶级，前者具有强大有力的下颚，剑如同剪刀般交叉，为了补给粮食，把坑道挖得很远，咬碎树木或其他坚硬的物质。许多的小白蚁留在家里，照顾卵、幼虫、蛹，提供食物给成虫、国王、女王，并且专心做储存粮食之类的所有家庭里面的工作。

第四章　兵　蚁

当都市国家面临死亡危机的时候，它们会自己采取迎击的姿态，当四周充满了疯狂时，它们会保持冷静。而且，不管在什么状况下，都拥有可以自由行使的权力。

一

工蚁之后，要谈的是兵蚁。它们也是瞎眼的，没有翅膀，一样是牺牲了性的雌白蚁与雄白蚁。倘若没有更适当、更好的称呼方法，我就想称呼它们为“从种到大自然”的知能、本能、创造力、精髓，不过，在这里，我们可以真正地掌握住它们的真相。

就如已经谈过的，一般的生物，没有一种生物，会残废到像白蚁这种程度。它们没有攻击性的武器，也没有防御用的武器。

它们柔软的腹部，小孩用手指一按就会裂开。唯一拥有的工具，只是为了从事无止无境、毫不起眼的工作。就算体质纤弱的蚂蚁来攻击白蚁，白蚁也会立刻战败。

它们小小的下颚善于粉碎木块，可是，不适合去抓敌人。

白蚁几乎是用爬行的，一旦越过门口，走到巢外一步，一切就都完了。白蚁的祖国，这个都市国家，是白蚁唯一的财产，是白蚁的一切，白蚁集团真正的灵魂，就是这座巢。

这座巢被牢牢地密封起来，比土做的壶或花岗岩做的石碑更坚固。

白蚁所在的这个至圣所，会遵照祖先传下来的规定，在一年中的某个时期，必须从四面八方掀开来。所有的东西，现在与未来，都将作为杀戮的牺牲献上。数千的敌人，包围着白蚁巢，目标就是这悲剧性且周期性来临的瞬间。

但是，不知道从什么时候开始，白蚁制造出一种完整的武器，使它们不会再输给跟自己程度相同的普通敌人。就像跟白蚁同类的人类，虽然天生有缺陷，经历了数千年的苦恼与悲惨之后，也达成一样的成就。

实际上，几乎没有动物会去伤害白蚁巢，或任意破坏。蚂蚁也只有在不小心的状况下，才会闯入白蚁巢。

只有在地球上最后出现的不懂事的人类，才会用火药、铁镐或斧头，去打赢白蚁。白蚁不认识人类，当然也还没有准备好如何防御人类。

白蚁与我们人类不同，它们不会向外界借用这些武器。它们做的事情超过这些，这也证明它们比我们更接近生命的源头。

它们在自己的身体里面锻造武器，从自己身体里面拿出武器。由于想象力与意志力的奇迹，由于它们与这个世界的灵魂具有某种默契，或者是我们还极端无法理解，某种对不可思议的生物学法则的认识，就某种意义上来讲，它们将它们的英雄主义具体化。

的确，对于生物学法则，白蚁比我们清楚，我们人类无法超越意识，生命器官运作着，将控制着思考的意志，扩展到创造出来的黑暗领域。

用显微镜看，看不出兵蚁与工蚁的卵有什么差别，与工蚁卵非常相似的兵蚁卵里面，生出了怪物阶级的白蚁，以强化白蚁堡垒的防御。

它们让人想到 Hieronymus Bosch① 或卡罗② 所画的，奇幻的恶魔图，有如从噩梦中跑出来的怪物。覆盖着几丁质（Chitin）的头部，完成了令人惊讶的奇妙发育，它们的下颚比身体其他部分大，整个身体只有角制的盾，以及一对剪刀，这对剪刀很类似海螯虾的剪刀，借着强而有力的肌肉行动。

坚固如钢的这对剪刀非常沉重，会形成阻碍，跟身体很不相称。因此，兵蚁被这对剪刀压住，无法自己进食，必须从工蚁的嘴巴喂食。

在同一个巢里面，有时候会有两种兵蚁。两种都是成虫，可是，其中一种是大的，另一种是小的。

就跟工蚁一样，小的只要一接收到警报，就会立刻逃走，所以，还无法完整说明它们的任务。

看来它们似乎也负责管理内部的治安，有一种白蚁，它们的士兵种类甚至有三种。

某种白蚁，例如纸巢白蚁（Eutermes）之类的，有更加奇幻的军队。它们被称为长鼻、角鼻、鼻白蚁或喷射机白蚁。

它们没有下颚，一种很像药剂师或橡胶制品店销售的注射剂玻璃管，巨大而奇妙的器官取代了它们的头。

① 译注：荷兰画家，1462–1516。
② 译注：Jacquet Callot，1592–1635，法国雕刻家、画家。

那个部分的大小，与身体其他部分一样大。

它们没有眼睛，所以，它们使用这个梨形的颈部玻璃瓶摸索猜测，对着2厘米前方的敌人，喷射出黏稠的液体。

就连它们千年来的敌人蚂蚁，也很怕这种会让敌人麻痹的液体，甚至比其他军队的下颚更可怕。

这种武器，是一种携带型火炮，比其他武器更明显，更有效。所以，隶属于这种白蚁之一的单角须白蚁（Eutermes monoceros），尽管它们是瞎眼的，却还是可以组织外征队，大举夜间外出，沿着椰子树干，收集它们最喜欢的地衣类。

布尼恩在锡兰岛，拍摄到很有趣的白蚁行军。白蚁军把针朝向外侧，井然有序地排列成两排的兵蚁，顺畅如小河般，约行进2个小时。

很少有白蚁会去挑战太阳光，除了莫桑比克草白蚁（Hodotermes havilandi）与客居姬草白蚁（Viator或Viarum）之外，几乎没有其他的白蚁了。

它们是白蚁中的例外，因为它们不像其他的白蚁那样，发下瞎眼的誓言。它们具有复眼，受到兵蚁的保护、监督，在领导兵蚁的包围下，前往丛林里，粮食所在之处。它们排成12或15只一队前进，会有一只兵蚁陪着它们，这只兵蚁会爬到略高的地方侦察四周，有时候会吹口哨。部队听到口哨，就会停止步行。

史密斯曼是第一个发现这种白蚁的人，他能够发现到它们的所在，就是因为这个口哨。跟前面的例子一样，这一大群白蚁部队的行进，也需要五六个小时。

别种类的白蚁，军队绝对不会离开它们负责防守的城堡。

因为它们完全瞎眼，所以被固定在那里。它们的神，发现了实际而逻辑的方法，就是把它们固定在那个位置上。

而且，它们只有正面，在枪眼处摆下阵势的时候，才能发挥力量，一旦背过身体就毫无用处。因为它们只有上半身有武装，下半身如同幼虫般柔软，很容易受伤。

二

白蚁的天敌是蚂蚁。蚂蚁在地质学上，比白蚁出现得晚，可是，却是从二三百万年前开始，就是白蚁的世仇。

如果没有蚂蚁，恐怕白蚁这种破坏性昆虫，就可以完全统治这个地球的南半球了。可是，反过来想，就是因为必须保护自己，不受蚂蚁的破坏，白蚁才能让它们最佳的部分，也就是它们的知能展现出令人惊讶的进步，建立起杰出的共和国组织。

将年代回溯到更久远以前，较劣等种类的白蚁，特别是细刻硕颚白蚁（Archotermopsis）与木白蚁属（Calotermes），还不是建筑家，它们只是在树干上挖掘坑道，全体几乎都从事一样的工作，几乎还没有划分阶级。

为了防止蚂蚁入侵，它们只是用混合木屑的粪，把洞塞住而已。可是，木栖白蚁其中一种，茶树白蚁（Dilatus）已经创造出非常特殊的兵蚁了。这种兵蚁的头部，是前端尖锐的大栓子，取代了木屑，塞住洞穴。

拥有真菌的大白蚁与拥有喷射机的纸巢白蚁等等，是已经更文明化的种类。两者之间存在数百种的种类，隶属于进化的各个阶段。可以看到，一个还没有达到巅峰的文明发展的每一个过程。

目前，分类是不可能的，因为布尼恩才刚开始做分类的准备而已。推测白蚁约有1200种到1500种，但是，1912年，尼尔斯荷姆葛兰做的分类，也不过只有575种。其中，206种是在非洲，而且，大约只了解了其中100种的白蚁习性。

可是，根据这些知识，我们可以断言：这么多不同种类之间的差异，一定就跟波利尼西亚的食人族与欧洲人之间的差异一样大。

蚂蚁为了寻找入口，不分昼夜在冢上徘徊，因此，白蚁所有的防卫措施，是特别针对蚂蚁设置的。

不管多小的裂缝，特别是换气口，都会受到严密的警戒。白蚁巢的换气、通风良好，就连最高的保健卫生学者，都无法挑剔。

可是，不管侵略者是谁，巢一遭到攻击，破了洞，就会立刻出现防卫者的大头，用它们的大下颚敲打地面，发出警报。警备队就会立刻跑来，接着，驻扎部队会赶过来，用头部塞住入口。它们数量惊人，快速移动，然后，它们会摸索着，像猎犬一样去袭击敌人，疯狂愤怒地咬住对方，把对方咬碎，攻击绝对不会手下留情。

布尼恩曾在一篇小论文中，介绍过一个有趣的例子，是关于他实际见到，白蚁充满智慧、勇敢的防卫。

他把拉克斯特纸巢白蚁的一个聚落，放进一个小盒子里面，上面盖上玻璃盖。到了第二天，放置小盒子的桌子上，聚集着可怕的红拟大头家蚁（Pheidologeton diversus）。因为盖子没有盖好，所以，本来以为聚落已经遭到破坏，结果却毫无异常。

知道有危险的白蚁兵蚁，排列在桌上，小盒子的四周。而且，某个守备队沿着玻璃镶嵌的沟槽整齐排列。勇敢的小军队们，用喷射机与敌人对决，整个晚上站岗，连一只蚂蚁都不给它通过。

三

攻击若拖延，白蚁兵蚁会激怒，会发出响亮颤抖的声音。这种声音比时钟的咔嗒咔嗒声还快，即使距离数米也可以听到。巢里面会有口哨响应这种声音，它们会用头去撞水泥，或是用头后面的下半部去摩擦盔甲，产生某种军歌或愤怒之歌。这是非常鲜明的节奏，每一分钟就会开始一次。

即使面对英雄式的防卫，有时候蚂蚁还是想闯进堡垒里。这时候，为了拯救重要的东西，就要牺牲其他的。

白蚁兵蚁正在尽最大努力，防止侵略者进入的时候，在后方，工蚁紧急将所有坑道入口封住。

结果，可能是战士们牺牲了，也可能是把敌人赶走了。

在这种时候，看起来好像白蚁与蚂蚁住在同一个冢里，融洽地生活在一起，事实上，只是蚂蚁占领了白蚁决定放弃的那部分冢而已。它们还没进入要塞的中心。

即使展开攻击，还是几乎无法完全占领堡垒。一般来讲，蚂蚁攻击后，就会在征服区域进行掠夺。在乌桑巴拉观察这种战斗的普雷尔（H. Prell）说，一只蚂蚁大约会俘虏到六只白蚁；俘虏会被扭断手脚，在地面上奄奄一息地挣扎。然后，各个掠夺者会收集三四只白蚁之后，排成纵队，把白蚁搬运回巢。

普雷尔观察的这队蚂蚁军团，宽约 10 厘米，长约 150 厘米。军团在行军过程中，不断发出很高的声音。

一旦侵略者被击退，白蚁兵蚁会在裂缝处停留一下子，然后，回到自己的地方或兵舍。接着，因为一开始的危险信号而逃走的工蚁就会出现。

它们一边是英雄主义，一边是劳动，按照严格而适当的劳动分配或分担而退开。

工蚁立刻拿着粪球过来，以惊人的速度，开始修理被破坏的地方。

根据特拉格尔博士的确认，约手掌大的洞，一个小时就会修理好。

沙比吉说，有一个晚上，弄坏巢的一部分，到第二天早上就完全修好，涂上新的水泥了。

对它们来讲，修理的速度攸关生死。就算是很小的裂缝，也会引来无数的敌人，也会宿命地带来聚落的末日。

四

外表看来，这些士兵冷酷而忠实，只是一群怀抱着英雄主义的佣兵而已，但是，它们还有其他各种责任。

单角须白蚁（Eutermes monoceros）的社会中，军团在接近椰子树之前，瞎眼的士兵（不过，聚落中也没有眼睛看得见的白蚁）会被先派出去当侦察兵。

就如前面提过的，客居姬草白蚁（Termes Viator）在远征的时候，它们就像真正的将军一样，大概在密闭的巢里也是一样吧！可是，我们几乎不可能观察得到。

沙维尔肯特拍摄到的照片中，可以看到有两只兵蚁，正在监督一群咬着板子的工蚁分队。它们会帮忙，把卵放在下颚上搬运，或是像在指挥交通似的，在十字路口动也不动地站着。

史密斯曼甚至看到过，当女王正要辛苦地把卵排出来的时候，兵蚁温柔地一边轻轻敲打，一边帮助女王。

它们拥有比工蚁更多的自发性，也就是说，相当于苏维埃共和国中的一种贵族阶级，但是，这就跟人类的贵族一样（这又是人类的特色了），是非常悲哀的贵族。自己无法满足自己的欲望，食物必须完全依赖民众。

幸好，它们跟我们人类相反（也许因此我们才看得见），它们的命运没有跟群体盲目的反复无常完全连接，它们的命运是掌握在另一个有权力者的手中。

我还没见过这位权力者，我想以后的人将会识破这个秘密的。我会在分巢的部分，再详细叙述。

当都市国家面临死亡危机，这种悲剧性状况发生的时候，它们会自己采取迎击的姿态，当四周充满了疯狂时，它们会保持冷静。而且，它们似乎被赋予绝对的权力，能够以公安委员的身份行动，不管在什么状况下，都拥有可以自由行使的权力。

尽管它们的武器很可怕，很容易滥用这种权力，但是，它们依然受到这个共和国里，隐藏起来的最高统治权力者的掌控。

兵蚁的数量大约占全体的五分之一，若超过这个比率，例如，巢里面放进超过定额限制的兵蚁数量的话（曾经在一个唯一可以进行这种观察的小巢，做过这种实验），那位未知的权力者，能够相当正确地计算，它会杀掉跟增加的兵蚁数量相同的兵蚁；它们不是外人，只因为这些兵蚁超过名额。标上记号，就可以确定这一点。

兵蚁不是像雄蜂一样遭到虐杀，只有身体后半部有弱点的这个怪物，一只就可以打败一百只工蚁了吧！但是，它们不能自己进食，所以，只要不拿食物到它们嘴巴里，它们就会饿死。

可是，隐藏的统治者是如何算出不需要的兵蚁数量，然后指出这些兵蚁，把它们关起来的呢?

这是有关白蚁巢中，许多还没解答的无数疑问之一。

在结束“无光国度的民兵”这一章之前，我想谈谈它们展示出的一些音乐性，它们相当奇妙的素质。虽然它们不是音乐家，不过也许未来派会把它们命名为聚落的拟音部。

这些声音是警报，是寻求救援的喊叫，是一种悲叹的声音，而且，几乎都会带着节奏，啪叽啪叽、喀叽喀叽、叽嘻叽嘻的声音。白蚁大众会用窃窃私语的声音回答这种声音。

有几位昆虫学家听到这种声音，相信白蚁不只是像蚂蚁那样，单纯的用触角，它们多少会使用分节的语言来传达想法。

总之，它们跟看起来似乎耳朵完全听不到的蜜蜂或蚂蚁不同，它们拥有敏锐的听觉，在这个瞎眼的白蚁共和国中，听觉担负着相当重要的任务。

地下的巢，有两米以上的厚度，被黏土、水泥、咬碎的木头包围，这些东西都会把声音吸走，在这样的巢里面，很难听到它们的声音。可是，在树干上建巢的话，只要把耳朵贴近，就可以听到偶然发出的一连串声音。

而且，白蚁的组织非常精细复杂，全部都有连带关系，一切都像维持着严格的均衡，若是没有事先建立好相互了解的关系，或应该说是融洽关系的话，是无法一直一起生活的。

在我举出的几个互相理解的证据中，希望读者注意以下这个例子。

这是一个聚落的例子，只有一对王后夫妇，它们彼此在几根不是很好的树干上各自筑巢。虽然这些巢是分散的，可是，隶属于同一个中央政府，彼此有很好的联系。

它们为了取代死亡的女王，或是不太多产的女王，会保留一团女王候选者，可是，当我们把这些候补女王，从某一个树干中移除之后，隔壁树木的居民，立刻就着手养育新的一群女王候补者。

白蚁政治最引人注意，也最有趣的特色之一，就是这种代替方式，或说是补充方式，这方面的例子，后面我们还会提及。

五

啪叽啪叽，喀叽喀叽这种声音、如口哨似的声音、警报的喊叫等等，白蚁发出的各种声音，几乎都带着节奏。

这表示它们具有某种的音乐感性，而它们的动作，在许多状况下，也是有节奏性的。

它们的动作宛如多变的舞蹈，引起观察它们动作的昆虫学家很大的兴趣。如果我们把刚出生的白蚁移除，那么聚落里所有的成员，都会做出这样的动作。

那是伴随着痉挛的狂热舞蹈，身体不断发抖，腹节不动，身体一边左右轻轻摇摆，一边晃动身体。间隔着短暂的休息，舞蹈会持续好几个小时。

这种舞蹈特别会在结婚飞行前举行，是为白蚁国最高的牺牲者所做的祈祷，也是仪式的前奏。佛利兹穆勒在那里看着他称之为“爱之语”的景象。

当我们将观察中的白蚁筒形容器，摇晃或是突然变亮的时候，它们也会做出相同的动作。

可是，要把白蚁长期关在那里，实际上是不容易的。因为，它们不只会在木栓打洞，连金属栓都可以打洞，而且，它们是无与伦比的化学家，甚至可以成功地腐蚀玻璃。

第五章　国王夫妇

举行婚礼时，结婚的这对新人，要折断彼此的翅膀，在只有死的时候才能出去的巢里，在这片黑暗中，开始夫妻生活。

工蚁与兵蚁之后，我要谈白蚁国王与白蚁蚁后。这对阴沉的夫妻，被永远关在细长房间里面，被赋予生殖的工作。

国王，当然是入赘的，一副穷酸相、身材矮小、虚弱、胆小、上不了台面，总是躲在女王背后。

大自然在昆虫界，创造了许多奇怪的东西。可是，在昆虫界中，最奇怪的是白蚁蚁后鼓胀的腹部。

那是她的巨大腹部，里面被卵塞得满满的，塞得好像肚皮都快裂开似的，简直就像在灌香肠。可以隐约看到小小的头部与前胸部，就像在软软的香肠前端，插着的黑色针尖一样。

根据修斯泰德的科学报告书上的插图，那塔兰大白蚁的蚁后，体长 100 厘米，整个身体每个地方，周长都是 77 厘米。同种类的工蚁体长是七八厘米，身体周长是四五厘米。

女王埋在脂肪里面的前胸部，只有一些根本不能用的小脚，简直就无法移动。她平均每秒钟生一个卵，换句话说，24 小时生 86000 个卵，一年要生 3000 万以上的卵。

艾叙利的估计比较保守，不过，如果是武卫大白蚁的话，成虫的白蚁蚁后，一天的产卵数是 30000 个，一年有 1095 万个。

就所观察到的，白蚁蚁后似乎要在四五年间，不眠不休地产卵。

著名的昆虫学家艾叙利，因为例外的状况，有一天，在不干扰白蚁的状况下，偷窥到王室的秘密。然后，画出了会让人联想到欧迪隆·鲁东[①]的噩梦，或是威廉·布雷克[②]的外星影像的图。

白蚁蚁后的身体异常巨大，比普通白蚁的身体大很多，在阴暗低矮的圆天花板下（几乎独自占据了整个圆天花板的下方），可怕的偶像，蚁后的柔软黏糊的白色脂肪质块，有如被小虾子包围的鲸鱼似的，躺在那里。无数的崇拜者，不断地爱抚着她，舔着她。

这并不是无益的，女王的分泌物，似乎包括吸引它们的东西。

最热心的崇拜者们，为了满足爱情与欲望，还会将她神圣的皮肤带走，小小的护卫兵为了阻止这种事情而辛苦着。年老的女王们身上，覆盖着光荣的切割伤。

数百只小工蚁，涌到白蚁蚁后贪婪的嘴巴四周，将特别的料理流入蚁后嘴里；在另一边，另一群白蚁围绕着输卵管的出口，收集起一个个流出来的卵，清洗、运送。

小小的士兵，来往于这一群忙碌的工作者之间，维持秩序。拥有较大身体的战士们，包围着圣域，背对着女王，整队向敌。它们抬起下颚，采取不动的姿势，做出好像在吓人的样子。

---

① 译注：Odilon Redon，1840–1916，法国画家。
② 译注：William Blake，1757–1827，英国诗人、画家。

繁殖力一旦减退，白蚁蚁后的食物就会立刻被断绝。恐怕这是根据未知的监察官，或是顾问官的命令吧？我们所到之处，都会遇到它们毫不留情的干涉。女王将会饿死，这是消极的、极具实用性的一种弑君。但是，没有任何一个个人要负责，大家很高兴地掠食着那具脂肪丰厚的尸体，然后从候补的产卵白蚁中，找出一只来代替已死的蚁后。关于这一点，我很快就会谈到。

与过去相信的相反，它们在结婚飞行的时候，不会像蜜蜂那样交接，因为结婚飞行的时候，它们还未具有生殖能力。

举行婚礼时，结婚的这对新人，要折断彼此的翅膀（请容我到后面再详述这一种奇妙的象征式行为），在只有死的时候，才能出去的巢里，在这片黑暗中，开始夫妻生活。

这个婚姻是以什么形式完成的呢？

关于这一点，白蚁学者并没有一致的意见。这个问题的权威菲利普·西尔贝斯特认为，从国王与皇后的生殖器官来看，肉体式交尾是不可能的，国王只是把精液浇在输卵管入口处的卵上面而已。对这个问题很了解的葛拉西说，交接是在巢里面进行，是周期性的重复进行。

第六章　分　巢

数百万的有翅白蚁，形成的朦胧蒸汽，从所有的裂缝中喷出。蒸汽缓缓地落在地面，地面被残骸覆盖，庆典结束，爱违背了约定，用死代替。

一

劳工、士兵、国王、女王，构成了白蚁都市国家永远的本质性基础。

白蚁们生活在比斯巴达法律更严格的铁的纪律下，在黑暗之中，继续过着贪婪的、卑微的、单调的生活。可是，以前没见过太阳光，以后也绝对不会看到太阳光的这些阴郁的囚犯身边，贪婪的共同生活团体，要付出多大的牺牲，才培养出无数的青年男女？

这些年轻白蚁们拥有透明的长翅膀与复眼。它们在其他天生瞎眼的白蚁蠕动着的黑暗中，准备与热带太阳强烈的光芒决斗。只有它们是拥有完整性器官的雄性白蚁与雌性白蚁。

如果总是很无情的偶然允许的话，会从这些白蚁中，产生出保证另一个聚落的未来的国王夫妻。

它们在没有通往爱或天空的出口，有如地下墓地似的都市国家中，表现出希望与疯狂，豪华与官能的喜悦。

它们身上没有原生动物，无法消化纤维素，所以，必须经由嘴巴喂食才能吃到食物。于是，它们一边等待着解放与幸福的瞬间，一边无所事事地在坑道或房间里面徘徊。

赤道附近的夏季结束，雨季接近的时候，这一瞬间终于来临了。这时候，难以攻破的城堡会陷入一种错乱状态。突然，到处都打开了小小的洞（不必要的洞，会为整个聚落带来全体死亡的危险，所以，城堡的墙壁上只有不可或缺，提供换气的洞，与外界的沟通，全部都严密地在地底下进行），洞的后面，可以看到兵蚁奇怪的头，它们是在洞口监视，阻止通行。

这些洞通往一圈又一圈的坑道或走廊，充满了对结婚飞行的焦躁不安。就像其他所有的暗号一样，眼睛看不到的权力者发出了暗号，兵蚁退到后面，空出出口，让全身颤抖的未婚夫们通过。

立刻，一种奇异的情景出现了。

看过这个情景的所有探险家说，跟白蚁的分巢比较起来，蜜蜂的分巢看起来就很平凡了。

数百万的有翅白蚁形成的朦胧蒸汽，就像锅炉过热，即将爆炸冒出的蒸汽一样，从所有的裂缝中喷出，寻求那份无法满足的爱、不确定的爱，从冢、金字塔或城堡等形状的巨大建筑物，朝天空上升。

许多时候是这样，有许多巢的聚落处，数百顷的广大范围中，到处冒着蒸汽。这么奇妙的现象，如梦如烟，持续很短暂的时间。蒸汽缓缓地落在地面，地面被残骸覆盖，庆典结束，爱违背了约定，用死代替。

鸟类、爬虫类、猫、狗、啮齿目的动物，几乎所有的昆虫，特别是蚂蚁、蜻蜓等等，都在等待着每年白蚁的未婚夫提供的这顿大量肉食的飨宴。

它们诚实的本能，会告知它们白蚁正在准备飞行，有时候，它们会冲上散落在数千平方米范围内，毫无防备的大猎物身上，开始可怕的大杀戮。特别是鸟类，喉咙鼓动，大量进食，吃到嘴巴合不起来。

人类也得到难以想象的山珍海味，人类用铁铲收集这些牺牲者，然后用油煎或炸来吃，或者是做成蛋糕。味道似乎会让人联想到杏仁蛋糕，在爪哇岛等地的市场就有贩卖。

最后的有翅白蚁一飞走，立刻根据隐形统治者神秘的命令，关闭白蚁巢，入口用墙壁封住。看起来就像是飞出去的白蚁，被无情地隔绝在生长的家乡之外。

它们会变成什么样子呢?

根据某昆虫学家说，它们无法自己进食，一个个都会被追击而来的数千敌人追杀，全部毫无例外地死去。

别的昆虫学者则认为，成功逃离灾难的情侣，会被附近聚落的工蚁或兵蚁捡回去，负责代替死去的国王或疲劳的女王。

可是，它们是怎么做的?又是被谁捡回去的呢?工蚁或兵蚁不会在路上徘徊，更是绝对不会到户外来。而且，附近的聚落也跟它们离开的聚落一样，用墙壁把洞口封住了。

根据别的昆虫学家断言，情侣可以活一年，可以养育保护它们的兵蚁以及供给它们食物的工蚁。

可是，在这些兵蚁与工蚁长大之前，它们是怎么生活的呢?

我们已经证实，它们拥有的原生动物非常少，所以，它们无法消化纤维素。因此，可以看出这个见解，还是有矛盾且难于理解的地方。

例如，波尔多的昆虫研究所长强费特博士，专门研究兰德地区的避光散白蚁，他在玻璃瓶里面做饲育实验，然后，在一个先前没有多少旧巢的森林里，观察在大自然中，分巢后多数聚落的建立。

他的观察结果是，清楚确认它们离开巢之后，在没有工蚁的协助下，是可以建立小家庭形式的。

热带地方的大巢里面，是否会有相同的事情，还是存疑的。布尼恩博士向我明确地说，他在锡兰曾看过情侣建立新的聚落。

真菌白蚁不需要原生动物，这是事实。雌白蚁借由雄白蚁的帮助，开始专心制造真菌的培养地，然后进行产卵。第一批有翅白蚁一出生，就立刻赶紧把自己的父母关起来。

二

即使是在这么吝啬、聪明、斤斤计较的共和国里面，也会有令人难以理解的对于生命、力量的浪费。

每年举行的大型燔祭，虽然明显的是企图杂交而已，可是，看起来却完全没有达到目的，这种浪费更是难以了解。只有巢很密集，或是许多巢都要在同一天进行婚飞的时候，才能进行杂交。因此，（虽然这么说，可是，这也是只限于奇迹发生，假设没有机会回自己生家的时候）别的母亲生的白蚁，要变成情侣的可能性非常少，我们就别太自以为是了。

虽然看起来，这些事情都没有理论根据，也不合道理，可是，这一定是因为我们的观察或解释都还不足的关系。就像范提努所说的，外表看来，大自然似乎在其他地方也有很多失败，可是，只要不把责任推给大自然，那么错的就是我们。

在蜜蜂身上，分巢也是全体性的灾害。一整年里面，会重复好几次的分巢，对原来的巢或原来的聚落而言，这总是灭亡与死亡的原因。

现代的养蜂家会杀死年轻女王蜂，利用扩大蜂蜜的储藏室，尽可能阻止分巢，可是，大部分的状况下，是无法阻止所谓的“分巢热”的。不让蜜蜂分巢，保存较多蜂蜜、最好的蜂巢，都曾经有组织地牺牲过了。今天，多年以来，养蜂家破坏了蜜蜂长年以来的习惯，以及破坏性逆行淘汰，现在，养蜂家正在支付代价。

根据西尔贝斯特利的观察，为了免于面临灾难，某种白蚁只会在夜晚或下雨天进行分巢。相反的，为了增加分巢的次数，有的白蚁会分成一小群，一点一点地，长达数月，一小批一小批离巢。

这里必须再提到的，就是白蚁的状况与蜜蜂的状况不同，白蚁在整体的规定中，具有相当的柔软性。

白蚁也跟人类一样，是个权宜主义者，而且，一般的动物习性是由本能来引导，可是白蚁却相反。它们虽然尊重自己的命运大纲，可是，在不得已的时候，也具有跟我们相同程度的知能，面对一些状况与需要，或只是刚好时之所趋，它们会知道让自己顺应命运、适应状况。

原则上来讲，它们为了实现种或子孙的愿望，也就是说，为了不违抗大自然的法则，即使会造成异常大的负担，即使100次里面，有99次都是毫无意义的，它们还是要进行分巢。

它们会配合需要加以限制、规定，也会放弃，而且，毫无阻碍地做下去。原则上，它们是君主制主义者，犹如沙比吉的观察，只要有需要，它们会把房间分成两个，培养两个女王。

哈比兰德说，他看过六组国王夫妇。若连那些被工蚁使用巧妙的方法，逃离我们手中的国王或皇后也算进去的话，也许数量会更多。

要找到它们并不容易，哈比兰德找了三天，才终于在巢的最里面，找到它们躲在破烂堆里面。

列举结束，我想附加说明的是，原则上要成为女王，就会有翅膀，就必须看到太阳光。可是，若有必要，它们会让 30 只从来没离开过巢的产卵无翅白蚁代替女王。

原则上，它们不承认外国的王，一旦王座空了，为了配合需要，它们会很高兴迎接其他来源供应的王。

原则上，一个巢里面，只住着有明确特征的一个种类。但是，实际上，我们已经确认过很多次了，在同一个巢里面，会有不同的两三种，有时候多达五种的白蚁，共同合作。

这些变节行为，看起来似乎很有道理，或者看来很轻率，不过，仔细看的话，会发现其中具有一个不变的理由，就是拯救这个都市国家，并维持这个都市国家的繁荣。

以上提到的事项，还有很多不确实的部分，在提出结论前，希望能够等到更具决定性的观察。

就像已经提到过的，白蚁有 1500 种，这 1500 种的习性与社会构造都不同，要全部观察是很困难的。

我认为这些白蚁之中，有几种跟人类一样，已经到达进化最危险的时刻，这个时刻，在数百万年前就开始了。

三

白蚁普遍的体制是君主制，可是，白蚁社会的繁荣，却几乎与王后夫妇毫无关系。

蜜蜂社会的命运，总是依赖着唯一的女王过生活，这一点是蜜蜂优秀组织的弱点，可是，白蚁的心机却比蜜蜂深多了。

可以称之为“宪法”的基本法，在白蚁的社会里面，是非常柔软有弹性的，它们深思熟虑、灵敏，而且，它们留下了明日政治进步的轨迹。

白蚁女王，或应该说是产卵家代表，除了产卵之外，什么都不会的蚁后，若善尽她的义务，她就没有敌人。可是，一旦她不再多产，她就会立刻被断绝食物，遭到杀害，或者是会给予一定数量的助手。一个聚落里面，曾经找到 30 只蚁后。

蜜蜂的社会，若产卵家一增加，就会陷入无政府与毁灭的状态，然后瓦解。可是，白蚁的聚落相反，会变得更强、更繁荣。这都是因为它们的社会组织具有异常的柔软性。

它们的社会组织，同时具有单细胞时期原始生物的优点，以及已经进化的生物的优点。

还有一点，目前不是很清楚，只是推测：它们社会组织的柔软性，可能是因为某种我们还不了解的化学性或生物学性的知识。

也就是说，白蚁借着适当的食物与照顾，任何幼虫或蛹，在必要的时候，随时都可以变态成为完整的昆虫，在六天以内出现眼睛或翅膀；不管是任何一个卵，都可以自由地生出劳动者、军队、国王或女王。

为了这个目的，也为了不浪费时间，它们会保存一定的个体数，做好做最后变态的准备。（大家都知道，蜜蜂也有相同的能力，只是能力相当有限。借由三天适当的食物、巢穴的扩大以及换气，所有的工蜂幼虫，也都可以变态成为女王蜂。也就是说，比普通蜜蜂大三倍，会产生出形状或本质上的器官，有明显不同的昆虫。工蜂的下颚，如刀刃般光滑，可是，女王蜂的下颚是锯齿状。她的舌头短而窄，没有可以分泌蜜蜡的复杂器官。其他的蜜蜂，腹部神经节有五个，可是，女王只有四个。国民的针是直的，可是，女王的针却如弯刀似地弯曲着，她没有装花粉的篮子。）

可是，即使它们可以让这些卵或候补者之一，变态成为具有翅膀与复眼的女王，尽管这是有可能的，可是，基于某种我们看不出来的理由，它们不会这么做。也就是说，它们不会变态成为成群结婚飞行离开，然后在新婚房间里面，做好准备受胎的女王。几乎白蚁们随时都可以完成女王的所有任务，它们只要产生出瞎眼的无翅产卵白蚁就满足了，而且，它们的都市国家不会受到任何损害。

大家都知道，蜜蜂就不同了。取代死去女王的产卵工蜂，只会生出贪婪的雄蜂，所以，就是最富足、最繁荣的部落，也会在两三个礼拜之间，就陷入毁灭与死亡的状况。

人类的眼光可以理解的，是拥有真正白蚁蚁后的巢，以及只有产卵平民白蚁的巢之间，没有显著的差异。

有的白蚁学者认为，幼态成熟的产卵白蚁，无法生出国王或女王，它的子孙没有翅膀或眼睛，绝对无法成为完全昆虫。

也许是这样，可是却未经过完全的证明，而且，这对聚落而言，并不是重要的事情。就如我曾提出的，本来聚落就不需要进行极度不确实的杂交。聚落最需要的，是能够生出工蚁与兵蚁的母亲。关于蚁后的代理方式都还在争论中，这是白蚁社会的神秘之处。

四

一样在争论中的问题，或说是还没有完全被挖掘开来的重要问题，就是寄生虫，不是肠内寄生虫。

事实上，白蚁巢里面，除了正式居民之外，还住着许多寄居者。我们还没有像蚂蚁那样，针对这些食客进行调查或研究。

就如大家都知道的，蚂蚁的寄生虫担负着很有趣的任务，繁殖状况异常的好。优秀的蚂蚁学家巴斯曼提出，蚂蚁的寄生虫有 1246 种，某种寄生虫在温暖潮湿的地下道里面，单纯地追求着食物与住所，受到慈悲的接纳。

就如范提努所相信的，蚂蚁不是布鲁乔亚阶级，却也不小气。可是，大多数的寄生虫不只是有用，甚至是必要而不可或缺的。

可是，也有一些完全无法解释其任务的寄生虫。例如，珍纳做过仔细观察，大部分的 Lasius mixtus 蚂蚁都会有 Antennophorus。

这是比较大的一种虱子，从身体的比例来讲，蚂蚁的头大约相当于人头的两倍，可是，Antennophorus 约有蚂蚁头的大小。一般，一只蚂蚁需要三只这种虱子。蚂蚁走路的时候，为了让身体保持平衡，会很小心，而且很有方法地在下颚下面放一只，肚子两侧各一只。

Lasius mixtus 蚂蚁一开始没有想要迎接它们进来，可是，一旦它们住进来了，就会接纳它们，不会想把它们赶出去。一辈子都不会抱怨，背负着沉重、碍事的三重负担生活着，蚂蚁简直就像圣者传中的殉教者了。

寓言里贪心的蚂蚁，不只甘愿承受这种重担，而且，还照顾寄生者如同自己的孩子，并且养育它们。

例如，一只毛山蚁（Lasius），身上装点着可怕的寄食者，当这只毛山蚁发现了一汤匙的蜂蜜，吃得肚子饱饱地回到巢里时，其他的毛山蚁被香气吸引，会靠近过来，要求分享。

第一只毛山蚁会很宽大，将蜜吐出来，吐到后面那些要求者的嘴里。于是，寄宿者们就会在途中夺取几滴贵重的液体。蚂蚁不仅不阻止它们这样做，甚至帮助这些抽头的，跟同伴一起，等着满肚子的寄生虫离开。

光是这些巨大又累赘的虱子，重量都会把我们压垮了。可是，蚂蚁们带着它们行走，只好想象着，蚂蚁们似乎会体验到我们无法理解，不可思议的喜悦。

简单地说，我们几乎不了解昆虫世界，因为引导人类的精神或感觉，与引导它们的精神或感觉之间，几乎没有共通点。

蚂蚁就说到这里为止，回到食木虫吧！

瓦伦教授提到过，1919 年已知的蚂蚁食客，已经增加到 496 种，其中 348 种是鞘翅类。而且，每天都会发现新的种类，例如，Symphiles 是被分类为友好的，且得到真正款待的客人；Synoeketes 是有时得到默认，有时又不受关心的客人；入侵之后会被赶出来的 synechtres；等同于麻烦人物的 Ectoparasites 等这几类。

尽管已经给予它们科学性的名称，可是，问题还是没有解决清楚，我们还在等待更完整的研究。

第七章　遇　害

白蚁做的事情，很符合幽默作家的想象。版画装饰品全部遭到侵蚀，画框消失得无影无踪。可是，覆盖着版画的玻璃，却用水泥牢牢地固定在墙壁原来的位置上。

一

白蚁借由令人难以相信的巧妙铁律、生命力、可怕的繁殖力，在热带的风景中，不断增加、扩展领域。

一般而言，大自然对人类不太宽厚，可是，却因为大自然的某种心情变化或巧合，如果不是因为白蚁容易受伤，对寒冷极度敏感的话，对人类来讲，白蚁是一种危险，可能很快就会把整个地球覆盖起来。

白蚁只靠温暖是活不下去的，就像我先前曾提到过的，它们需要地球上最热的地方，气温必须在20到36度才行，在20度以下会死，超过36度，就会因为原生动物的灭亡而饿死。

可是，白蚁在它们可以定居的地方，会引起可怕的损害。

林内说过："白蚁是印度最大的灾祸。"

最了解白蚁的佛罗肯特补充说："人类对于创造物，展开如此无止无尽战争的昆虫，在热带或温带地区，除了白蚁没有别的。"

它们会从内部侵蚀，使房子从地基到屋顶崩垮，使家具、布、纸、衣服、鞋子、食品、木材、草都消失。

没有任何东西，可以逃离它们这种超自然的可怕掠夺。它们的掠夺总是在平常看不到的地方进行，因为只有灾难形成的那一瞬间，才会暴露出来。

树皮受到细心照顾，看起来似乎还活着的大树，碰触的那一瞬间，立刻倒下。

这是发生在圣赫勒纳岛（St. Helena Island）的事情，有两位警官站在被叶子盖住的楝树科大树下说话时，其中一个人往树干一靠，这一棵解热用的巨木，内部完全变成粉末状了，整个垮在他们身上，两个人被木屑盖住。

白蚁的破坏工程，有时候进行的速度会如电击般快速。

昆士兰的农夫，有一天晚上把货车放在原野就回家了，第二天去看，只剩下金属工具。

殖民地的某个白人，五六天不在家，回来的时候，一切跟原来一样，没有任何改变的样子，也没有敌人入侵的迹象。可是，当他一坐上椅子，椅子垮了，一靠到桌子，桌子整个落在地板上。推开中央大梁要看的时候，梁垮了，屋顶掀起尘沙掉下来。

就像沙特蕾[①]的童话故事一样，看起来有如一切都是小丑精灵搞的鬼。

为了研究白蚁窝，在附近搭帐篷的史密斯曼，有一天晚上睡觉的时候，穿在身上的衬衫被吃光了。

---

① 译注：Chatelet，法国女作家。

另一位白蚁学者亨利巴尔特博士，虽然已经非常小心了，可是，他的床与地毯，还是在两天内被吃光了。

澳大利亚的剑桥的食品店里面，仓库里所有的东西，都变成它们的食物，火腿、猪油、棉花、无花果、核桃、肥皂都消失了。覆盖着瓶栓的腊或锡铁扣都被破坏，瓶栓被弄坏，液体流了出来。罐头的镀锡铁皮，遭到科学性的攻击。它们先锉掉那一层锡膜，然后，在裸露出来的铁上面，撒下会长铁锈的液体，然后轻松地毁了瓶子。而且，不管是多厚的铅，它们都可以钻出洞来。

人们以为，白蚁的小脚在玻璃瓶上会滑，所以，如果把玻璃瓶倒着放，然后，把箱子、寝具放在上面，就会安全了。可是，在不知不觉之间，几天后，玻璃有如用金刚砂磨过似的腐蚀了。它们安静地在瓶口、腹部来来往往，它们会分泌出一种液体，可以将作为它们食物的草茎中蕴含的硅石溶解，而这种液体，也可以溶解玻璃。它们那些玻璃化的水泥异常坚固，也可以说明这一点。

白蚁做的事情，真是很符合幽默作家的想象。

英国旅行家霍普兹在《东洋回忆》中说过，他在朋友家里住了几天，回到家一看，房间的版画装饰品全部遭到侵蚀，画框消失得无影无踪，可是，覆盖着版画的玻璃，却用水泥牢牢地固定在墙壁原来的位置上。大概是为了避免玻璃掉下来，摔得粉碎吧！它们为了可以吃到深部，不想在远征结束前就垮掉，所以进行了慎重的工程，用水泥将大梁做了补强。

这些损害都是看不见的生物带来的，一根小小的黏土管子，沿着蛇腹或腰板，一直延续到巢里。这根管子隐藏在两面墙形成的转角处，所以，要靠近才看得到。不过，光是这样，就让人清楚知道敌人的存在与身份。

眼睛看不见的这种昆虫，也具有一种天分，可以动一些手脚，让别人看不到它。它会安静地进行工作，想要听到深夜里，几百万张嘴巴在吃房子骨架的声音，预料到房子即将崩垮，那就需要一双很有经验的耳朵了。

在刚果的伊丽莎白大楼之类的地方，建筑师或企业家预料到，无法避免遭到白蚁的危害，基于必须采取预防措施这个理由，预算增加了百分之四十。在这个地区，就连铁路的枕木、电线杆、桥的骨架都会被吃光，每年都要换。不管是什么样的衣服，只要放在屋外一个晚上，就会只剩下金属纽扣了。另外，不在内部起火的原住民小屋，抵抗白蚁攻击无法超过三年。

二

以上，是家庭一般的受害状况。可是，有时候它们会进行大规模的行动，它们的破坏会扩及整个都市，或是整个地区。

1840 年，一艘遭到逮捕，失去船桅的奴隶船，将巴西的小白蚁细身异白蚁[①]，带到圣赫勒纳岛的主要都市詹姆斯城，结果人们必须重建被白蚁破坏的一部分都市。都市的正史编纂官 J.C. 梅里斯说，詹姆斯城就像被地震破坏过的城市一样。

1879 年，西班牙的战舰在费洛尔港，被戴维士白蚁攻击毁坏。《法国昆虫学会纪要》[②]引用鲁克莱尔将军的说明说，在 1809

① 译注：旧学名 Eutermes tenuis，新学名 Heterotermes tenuis，拥有角或称喷射机的军队。

② *series 2*，1851 年，第九卷。

年时，法属安提忧岛无法抵抗英国的攻击，是因为白蚁大闹仓库，使得它们无法使用大炮、弹药的关系。

白蚁的犯罪表可以无限延长下去。就像前文提到过的，在某些已经放弃与白蚁作战的澳大利亚或锡兰岛的区域里面，白蚁已经使人们无法耕作了。在台湾岛，Coptotermes formosus shikari 白蚁甚至连灰泥都吃，没有用水泥强化的墙壁就垮下来了。

可是，白蚁脆弱、容易受伤，只能在黑暗的白蚁窝中生活。所以，一开始以为，只要把它们的圆屋顶毁掉，就可以把它们赶走了。但是，它们已经做好准备，以便闪躲出其不意的攻击了。事实上，在它们的巢上方，用火药爆破之后，不断用锄头把地整平的地区，白蚁已经不再制造蚁丘，它们甘愿过着像蚂蚁一样完全的地底生活，不再露面。

寒冷这个保护要件，至今保护欧洲免受白蚁的攻击，可是，白蚁是如此柔软有弹性，可以变形到异常的样子活下去，也许这种生物最后会适应我们的环境。

从兰德地区白蚁的例子，就可以了解，它们用悲哀的退化交换，变成了比无害的蚂蚁更加无害，多少成功地适应了环境，这恐怕是第一阶段。

总之，根据前世纪的《昆虫学会纪要》的详细报告，热带的真正白蚁，隐藏在船舱的植物屑中，从圣多明各来，入侵夏兰特马利提姆县的几个城市，特别是罗杰尔。

因为无数只绝不露面的昆虫，家家户户遭到攻击，暗中受到侵食。整个罗杰尔市都受到侵食的威胁，只能隔着港口，挖掘出一条贝耶尔运河来防止灾害扩大。房子倒塌，兵器库或区公所甚至无法用支柱支撑。

有一天，人们发现所有的记录、文件，都变成海绵状残骸，感到惊讶不已，同样的事情也在罗修霍尔发生过。

这场灾难的元凶，是一种更小的白蚁，体长约三四毫米的避光散白蚁（Termes lucifugus）。

第八章　神秘的力量

这巨大聚落的异常繁荣、安定、融合式的协调，几乎无限地持续着，这一切，不会只是一连串幸福的偶然吧?

一

白蚁的组织很复杂，令人感到无法理解的白蚁社会中，我们发现了跟蜜蜂一样的大问题。

这里的统治者是谁呢？是谁下命令、预测未来、订立计划、保持平衡、管理、宣告死刑的呢?

并不是那位为了自己的职务，而成为悲哀奴隶的君王。

君王的食物，要靠工蚁的善意，而且还被关在囚室中。在白蚁的都市国家里面，只有国王没有权利翻越城墙。白蚁王被压在白蚁后的肚子下面，苟延残喘、胆战心惊地过日子。

另一方面，在白蚁社会里，白蚁后被当作献给神的祭品，她是个可悲的牺牲者。臣子们严格地控制她，一旦认定她产卵状况让人不满意，就会立刻断绝她的食物，她就会饿死。

它们会吃光她的尸体，因为它们从不浪费任何食物，然后任命她的继任者。就像前文提过的，它们会将还没分化、固定数量的成虫，保留起来当继任者，因为种的异常多形性，使这些成虫可以突然转变成产卵白蚁。

兵蚁也不是统治者。它们被自己的武器压垮，舞弄着钳子，被剥夺了性与翅膀，眼睛完全看不见，而且，还是个无法自己进食的不幸生物。

有翅白蚁也不是统治者，它们是生活在国家利益与集团性残酷底下，受到压榨，不幸的公主与王子。它们只有一瞬间的出现机会，而且，是令人惊讶的悲剧。

剩下的就是工蚁，它们可说是共同体的胃肠。看起来它们是大家的奴隶，同时也是主人，构成白蚁都市国家金字塔的，就是这群工蚁吧！

总之，白蚁王、白蚁后、有翅白蚁等等，拥有眼睛，眼睛看得到的白蚁，很明显地被排除在总统府之外。不可思议的是，这种政治组织的白蚁国家，已经存在了好几个世纪。

在人类的历史中，没有一个真正的民主主义共和国会持续好几年，而且没有解体，在失败或专制中没有消灭的例子。因为人类的集团，一扯上政治，就会有一只只喜好恶臭的鼻子。人类只会选择更不好、更臭的。而且，他们的嗅觉几乎不会犯错。

可是，瞎眼的白蚁们会做协议吗？它们的共和国，并不像蚂蚁巢那么寂静。我们不知道它们是如何沟通意见的，可是，并不是我们不知道，就表示它们就无法传递意见。

即使是很细微的攻击，警报也会像野火燎原般迅速；它们会做好防卫体制，维持秩序，并想出方法，进行紧急维修。

另一方面，它们这些瞎子们，可以随心所欲地调节产卵。也就是说，要促进产卵的时候，就会给女王唾液，要抑制产卵的时候，就拿走唾液。

一样的，认定兵蚁太多的时候，就会降低兵蚁的数量。也就是说，它们会让没用的兵蚁饿死，然后把这些兵蚁吃掉。

它们还在卵的时期，就决定好未来了。而且，借由给予的食物不同，可以随它们的喜好，将这些卵变成工蚁、女王、国王、有翅白蚁、兵蚁。可是，它们又是听命于什么呢？

它们将性、翅膀、眼睛，奉献给公共利益，接下各种无数的工作，它们是农民、土木工、石匠、建筑师、手工艺师傅、园艺家、化学家、奶妈、葬仪工人等等，为了大家而工作、进食、消化、在黑暗中摸索，成为地牢永远的囚犯，在洞穴里行走着。因此，它们比其他的白蚁更知道该做什么，它们可以预测、看透该做什么。

它们只是纯粹很有秩序地进行着本能的行动吗？

它们受到天生观念的引导，先从大多数的卵里面，机械性地产生出与自己一样的白蚁，然后，一样遵照天生的另一个冲动，从同样的卵里面，让雌雄的白蚁部队出现吗？

拥有性的这个白蚁，具有翅膀，眼睛看得见，而且，提供了国王与女王之后，就会大举死亡。然后，根据第三种冲动，形成一定数量的兵蚁，而且，这支守备队需要大量的粮食、耗费过多的维持费用时，就根据第四种冲动，降低兵蚁的数量吗？

这些全都是一种混沌的行动吗？或许是吧！

但是，这巨大聚落的异常繁荣、安定、融合式的协调，几乎无限地持续着，这一切，不会只是一连串幸福的偶然吧？

就算这一切都只是偶然，那么只能说这种偶然，可以说是诸神之中最伟大、最聪明的神了。也就是说，这只是语言的问题，要得到一致的意见是容易的。

总之，本能说没有比知能说，提供更让人满意的答案。如果非要说不可，我们会觉得，我们对知能有一些了解，可是，对于本能，却完全无知。因此，恐怕本能说的解答，会让人比较不满意吧！

二

在蜜蜂的部分，也可以看到完全一样，令人惊讶的政治、经济能力。在这里就不举出来说明了，我想说的是，不要忘了，蚂蚁在这方面的能力更令人惊讶。

例如，小小的黄色蚂蚁，黄山毛蚁（Lasius Flavus），就像大家都知道的，把大部分的蚜虫关在自己的地下室中，围在真正的牛栏里面，就像我们从牛或羊挤奶一样，从它们身上挤出甜美的汁液。

另一种蚂蚁，血色山蚁（Formica sanguinea）会出去捕猎奴隶。

红悍山蚁（Polyergus rufescens）交由奴隶去饲养幼虫。

Anergates 完全不工作，由俘虏的灰黑皱家蚁（Tetramorium cespitum）的聚落来抚养。

谈一下热带非洲真菌培养蚁以供参考。它们有时候会挖出长 100 米以上笔直的隧道，把叶子切得小小的，制作腐质土。它们利用只有它们知道的方法，让上面产生在别的地方绝对无法取得的特殊菌类，并加以培育。

最后，举出非洲、澳大利亚的某一种蚂蚁来谈吧！

那里有特殊的雌工蚁。她们绝对不离开巢，用双脚吊在巢里。然后，因为没有别的适当容器，所以，她们就变成容器，变成桶子，变成活的蜂蜜壶。她们会形成一个有弹性、球状的巨大肚子，大家都把收集来的东西，吐在那里，肚子饿的时候，就从那里吸取食物。

这些事实可以一件接着一件，无限地列举出来，需要我来附加说明，说这些事情并不是根据传说，而是全都经由科学性的详细观察而得到的吗？

三

我在《蜜蜂的生活》中，解释过蜜蜂社会的慎重、神秘的管理以及统治，是借由“蜂巢精灵”来进行的。那是因为没有更好的解释，为了掩饰未知的现实，所说的无意义的话语而已。

若以别的假设来说，蜜蜂、蚂蚁或白蚁的社会，也可以看作只是一个个体。可能只是还未稳定，形状不定的生物体，或者也许是形状已经固定的生物体。

这个生物的每一个器官，是由数千个细胞组成，具有清晰的形状。这些器官在外表上看来，是各自独立的，可是，中心确立总是遵从同样的规则。我们的身体，也是一个共同体、一个集团，是由六十兆的细胞组成的一个聚落。每一个细胞，只有在巢或核崩溃毁坏之后，才能够离开巢，否则就必须一直维持着被捕的状态，静坐着不动。

白蚁社会的组织，看起来虽然非常可怕，非常非人性，可是，我们身体的组织，也是根据一样的方式组成的。

集团式的人格为了全体或公众的利益，无数的部分被增强，不断地牺牲、创造防卫体制。死了且没用的细胞，会被食细胞吃掉的行为。朝向自己不知道的目的，不显眼、激烈的、盲目的劳动、残忍；营养摄取、生殖、呼吸、血液循环等的专门化；连带性、遇到危险时的召集方法；保持平衡、维持治安。所有的这一切，白蚁社会的组织与人体的组织都一样。

比如说，当发生出血过多的状况时，就会从某处发出命令，红血球会开始不断繁殖。衰弱的肝脏没拦截到毒素，就会由肾脏代理。心脏瓣膜如果故障，在病巢后面的某个凹洞，就会肥大递补心脏的活动。相信我们的知能是位于我们自己身体的顶点在操控着，可是，我们没有接受这种相信，也无法与这个知能接触。

我们只知道（这也是最近才知道的），我们的器官最重要的功能，是依赖着一直到最近还遭到存疑的内分泌腺或荷尔蒙分泌腺。特别是调节结合细胞的功能，控制放松的甲状腺、呼吸、体温的脑下垂体、松果腺、生殖腺等等，依赖着将能源分配给数兆个细胞的内分泌腺。可是，是谁在控制这些内分泌腺呢？

这些内分泌腺在完全相同的条件下，给予某个人健康与活着的喜悦，却给予某些人病痛或死亡，为什么呢？

就跟其他领域一样，在这个无意识的领域中，知能都是不一致的吗？所谓的病人，就是这种无意识物的牺牲品吗？

比如像巴斯加[①]在他的那个世纪里，他是非常聪明的人类，他的肉体也受到这种无意识、不熟悉的、愚蠢的潜在意识所控制的，常常发生这种事情吗？

① Blaise Pascal，1623–1662，法国哲学家、数学家、物理学家。

这些内分泌腺犯错的时候，由谁负责呢?

我们什么都不知道，下达本质性命令，让我们肉体继续生存的，到底是谁呢?我们完全不知道。

事情是机械化、自动而单纯的运转吗?或者是很注意公益的某种中央权力，或是干事会议发出的慎重处置呢?

我们连自己的事情都不了解，怎么可能去了解蜜蜂、蚂蚁、白蚁的社会呢?它们的社会与我们距离遥远，又在我们的体外，我们又怎么能够知道，是谁在控制、管理那个社会，谁预测未来，谁制定法律的呢?

我们现在可以确认的事情，就是细胞联邦会配合需要进食、睡觉、行动、调节体温、增加细胞或是下达这类的命令。白蚁联邦的军队、工人、产卵者，也会配合需要，做相同的事情。

再回到原题，除了把白蚁社会当作一个个体来看之外，没有别的解决办法了。贾渥斯基博士将此状况描述得很贴切："个体不是借由部分的总和、共通之源、实质的连续形成的，是集团功能的实现；换句话说，是借由目的的统一而形成的。"

或是看成以下的状况，也许会更好。也就是说，在我们体内展开的现象，以及在白蚁社会中的现象，全都是散落在"宇宙"中的应知、世界的非人格思想、自然的精髓、某哲学家所说的"世界灵魂（Anima Mundi）"，或是回归莱普尼兹[①]的预定调和。

莱普尼兹的预定调和中，针对控制灵魂的究极原因、控制肉体的动因，做了混乱的说明，非常天才，可是，却也充满了

---

① Gottfried Wilhelm Leibnitz，1646–1716，德国哲学家、数学家。

毫无根据的梦想。

另外，生命力、事物的力量、肖邦哈维尔[1]的“意志”、伯纳[2]的“主导的思想”、“形态学的计划”、摄理、神、第一的原动力、“所有原因中的，没有原因的原因”，也可以当作只是单纯的偶然。

这些答案没有所谓的优劣，因为这些答案多多少少直接表明出，我们什么都不知道，什么都不懂；而且，在很漫长的一段时间内，不，恐怕是永远都不会了解所有生命现象的起源、意义、目的。

① Arthur Schopenhauer，1788–1860，德国哲学家。

② Claude Bernard，1813–1878，法国生理学家。

第九章　白蚁社会的道德

我们在白蚁身上，发现了要非常严格遵守的三个可怕誓言：清贫、顺从、纯洁。逼迫弟子们处于永远的黑暗，与永久性的瞎眼，到底是什么样的苦行者或神秘主义者呢？

一

蜜蜂的社会，看起来非常严苛残酷，可是，白蚁的社会，比蜜蜂更加严苛，更加残酷。

蜜蜂对于都市国家的诸神，几乎是完全的牺牲，即使如此，它们还留有一些独立性。

它们的生活中，在春、夏、秋这些美好的季节里面，大部分都可以自由行动，在室外的太阳光下舒展。它们在花上飞舞，远离所有的监视。

但是，在白蚁黑暗阴郁的共和国里面，却是完全的牺牲与终身监禁，不间断的控制。一切都是黑暗的、沉重的、令人窒息的。

在狭窄的黑暗中过日子，它们全部都是奴隶，大家几乎都是瞎眼的。除了生殖的疯狂牺牲者之外，没有人可以到地面上，就像大家已经看到的，即使是在必须去找粮食的时候，也要通过地底很长的管状通道，绝不在太阳照得到的地方工作。

人类什么也没发现到，无数的亡灵袭击房子，悄悄地在墙壁里面移动，人类完全看不到它们。只有在房子或树倒下的时候，才看得到它们。

在它们的世界里面，共产主义的诸神成为毫不厌倦的摩洛可[①]。它们要求无限地给予，个人归之于无，只有在个人的不幸达到极限时，要求才会停止。

它们的专制，可怕到在人类世界中，完全找不到相同的例子。而且，它们的专制跟人类不同，不会给人带来利益。

它们的专制是无名的、内在的、扩散的、集团的。可是，专制并不是出自于这种无法捉摸的漠然，很明显的，是来自于大自然的反复无常。我对这一点感到非常有兴趣，却同时也有极大的不安。现在已经发现到，专制的每一个阶段，都证明了专制处于阶段性的稳定，而且，看起来似乎更进化的种类，却更加奴隶、更加悲哀。

所有的白蚁，不分昼夜，正确地投身于复杂的各种事物，粉身碎骨在所不惜。

在孤独、小心翼翼、谛观的、单调的日常生活中，兵蚁的生命暴露在危险中，它们的存在，几乎是无意义的。在黑暗的兵舍中，兵蚁等待着奉献牺牲的瞬间。

我觉得它们的规律，比卡梅尔修道院或特拉皮斯特修道院还要悲惨。它们对于未知场所产生的法律与规则，那股自发性的服从，在所有人类社会的结社中，都看不到相同的例子。

这恐怕是更残酷的一种新形态的社会性宿命，我们也正朝

① 要小孩当活祭奉献的中东之神。

着这种宿命前进，然而附带说明的是，这种宿命是已知的宿命。

只有在最后的睡眠中才有休息，甚至不准生病，衰弱就等同于判决死刑。这种共产主义，甚至要求共食或粪食（也就是只吃排泄物）。

蜜蜂们能够想象这种地狱吗？的确，我们可以做如下的假设：蜜蜂不觉得它们短暂而痛苦的命运是不幸。而且，它们在黎明的露水中，拜访花丛，沉醉于收获中，愉悦的、活动性的，在充满芬芳的蜂蜜与花粉的宫殿中，反而感受到某种喜悦。

可是，白蚁为什么要在地底的纳骨所里面爬来爬去呢？它们卑贱阴郁的一生，什么是它们的报酬、快乐、喜悦呢？

几百万年来，与其说它们是为了活着，不如说它们是为了不要死而活下去。而且，没有任何喜悦地、无限增加它们的后代，特别是为了让悲惨、不祥的、悲哀的生存形态，毫无希望地继续存在而活着。

事实上，这是非常纯真的、人类中心主义式的想法。我们只看见外在的，相当物质化的事实，而且，对于在蜜蜂或蚂蚁的世界里面，真正发生的事情一无所知。

很有可能它们的世界是以太的、电气的、隐藏着心灵式的生命的神秘。可是，我们完全不了解那种神秘，每天，我们能够更了解的事情是，人类是如此的不完全，是如此知能低劣的被造物。

二

有关白蚁的社会生活，有许多事情都让我们感到厌恶与可怕。但是，它们伟大的观念、伟大的本能、伟大的自动性或机械式冲动，更进一步说，一连串伟大的偶然，对于只能看到结果的我们来讲，原因是不重要的。

换句话说，对公共利益的绝对式奉献，对于所有生命或所有个人利益或所有的自我，做出令人惊讶的放弃、完全的自我牺牲，为了都市国家的安泰，做出不断的牺牲（如果是人类的话，都可以算是英雄或圣人了），这一切都比我们人类还要优秀。

我们在白蚁身上，发现了在人类社会中，要非常严格遵守的三个可怕誓言：清贫、顺从、纯洁（甚至极端到主动除去性器）。但是，借由除去眼睛，要逼迫弟子们立誓处于永远的黑暗与永久性的瞎眼，会想到这种事情的人，到底是什么样的苦行者或神秘主义者呢？

“昆虫没有道德。”伟大的昆虫学家 J．H．法布尔在某处曾这么说，这个结论下得太快了。

何谓道德？借用里德莱[①]的定义：“是指导人类自由活动的规则的总和。”这个定义能不能直接套用在白蚁社会上呢？

引导白蚁社会的规则，比更完美的人类社会的规则还高，也被更严格地遵守着。我们可以针对“自由活动”这个词汇，陈述出无意义的道理。白蚁的活动不是自由活动，而是它们无法逃离的任务盲目执行吧？可是，拒绝工作的工蚁或逃避战斗的兵蚁会怎么样呢？

它们会被放逐，在巢外悲惨地死去，或者是被同胞当场处死，然后被吃掉。这种自由，不就几乎类似于我们的自由吗？

---

① Emile Littre，1801–1881，法国语言学家、哲学家。

我们在白蚁社会中所看到的，若不一定就是道德的话，那么，道德到底是什么？

工蚁明知道兵蚁在巢外，面对冷酷的敌人，却自己把门关上，逃离死亡。另一方面，兵蚁勇敢地与敌人作战，请想想它们英雄式的牺牲。它们没有比在特洛莫比雷之战中的斯巴达人还伟大吗？至少斯巴达人还有希望，兵蚁却毫无希望。

把蚂蚁放在盒子里面，几个月不给它食物，它会吃自己的身体，例如脂肪组织或胸廓肌肉来养育幼虫。

对于这一点，各位读者觉得怎么样呢？为什么这不算是值得称赞的美事呢？是因为我们假设这种事情是机械性的、宿命的、盲目的、无意识的行动吧？我们没有权利做那种假设。

关于这些事情，我们知道些什么呢？

就如同我们观察白蚁的时候一样，如果有人心不在焉地观察我们，对于引导我们的道德，他们会有什么样的想法呢？

他们会如何说明我们矛盾的行动、非理论性、我们发狂似的争吵、娱乐与战争呢？那个人的解释中，会有什么样的错误呢？

这时候，我该重复35年前，老阿尔凯尔（《佩雷阿斯与梅莉桑德》中的出场人物）说过的话："我们总是看到命运的背面，我们命运的正背面。"

三

白蚁的幸福，就是必须与敌人蚂蚁作战。蚂蚁比白蚁强，拥有比白蚁好的武器，而且两者一样聪明、冷酷。

蚂蚁属于中新世（第三世纪），所以，白蚁在二三百万年前遇到这个敌人，后来，就被剥夺了休息的时间。

如果没遇到蚂蚁，它们的生活会悠闲而无活力，我想会在小而暂时的聚落中，茫然地过着每一天吧！

处于幼虫状态，令人感到悲哀的白蚁，与蚂蚁最初的接触，不用说当然是败北。

后来，它们的命运整个改变，它们放弃太阳，刻苦勤勉，组织集团，潜入地底，关在别人看不到的地方，在黑暗中生活，建立城堡、仓库，耕作地底的田园，利用一种生命炼金术确保粮食，锻炼出袭击用喷射机，拥有守备队，配备有不可或缺的暖气、换气、温度调节。

为了对抗数量多而强大的入侵者，它们必须无止境地增加人口，特别是要忍受束缚，必须学习所有美德根源的规律与牺牲。简单地说，就是必须从无与伦比的悲惨中，产生我们已经看到的那些惊奇。

跟白蚁一样，我们如果遇到聪明的、理论性的、狰狞的、势均力敌的敌人，我们会怎么样呢？

以前我们只有孤立而无意识的敌人。数千年来，人类除了人类之外，没有更大的敌人。这些敌人教了我们很多事情，我们所知之事中，有四分之三是从敌人那里学来的。可是，这些敌人不是从外面来的陌生人，他们所拥有的东西，全部都存在于我们的内部。

也许有一天，敌人会为了我们的幸福，从附近的星球降临，从我们没有预期的方向，出其不意地出现。可是，在他们来之前，我们已经在互相残杀了吧？这种可能性反而更高。

第十章 命 运

它们的文明不只不会在太阳底下开花结果，甚至可能在越接近完成的时候，渐渐在地下萎缩。它们以前拥有翅膀，现在已经没有翅膀了；它们有眼睛，却自己抛弃了眼睛。

一

大自然是家人，或者是扩大以母子关系为出发点的共同生活，经过组织，把社会性本能提供给看起来似乎有知性的生物。然后，随着社会接近完成的阶段，将规律、束缚以及越来越严格的管理体制，加诸在这种生物身上。也更加不宽容，不停止的专制统治，它们的生活就有如在没有休息的工厂、军营或徒刑场一样。

大自然冷酷地驱使奴隶，直到它们的力量枯竭为止，所有的人要求着，不会带给任何人利益或幸福的牺牲或不幸。而且，这种共通的绝望，延续好几个世纪，只会不断加深、扩大。

确认了这一点的时候，我们被一股很不安的感觉侵袭。就时间上来讲，走在人类前面的这个昆虫国家，或许可以说它们事先提供了一个大部分的文明国民，想要追求的地上天堂的漫画或是讽刺文章。而且，可以说大自然并不想要幸福。

可是，几百万年前，白蚁朝着理想上升，现在看起来，几乎已经到达理想了。它们完全实现的时候，会发生什么事呢？它们会比现在还幸福吗？它们能够离开那个监牢吗？

这个期望似乎不太可能实现。它们的文明不只不会在太阳底下开花结果，甚至可能在越接近完成的时候，渐渐在地下萎缩。

它们以前拥有翅膀，现在它们已经没有翅膀了；它们有眼睛，却自己抛弃了眼睛。进化最慢的木栖白蚁（Calotermes）就不同了，它们有性，可是，却也把性牺牲掉了。

总之，它们若是到达命运的顶点，大自然会从那里抽离出从一个生命形态里面，可以抽离到的所有东西吧！

热带地区的气温，只要降低一点点（这也是大自然的行为），种全体就会一次，或是在很短时间内灭亡，只会留下化石。然后，一切都要再度从头来过。而且，只要一发生我们完全不知道的事情，累积无法理解的结果的话，一切都将会再度变成白费。大概不太可能发生这种事情，但是，却无法否认这种可能性。

但是，如果发生这种事情，面对结果，我也几乎很难有真实的感觉。

一想到已经逝去的漫长岁月，以及提供给大自然无数的机会，我觉得在其他的世界里面（大概在地球上也有），会有与人类文明相同，或是比人类文明更好的文明存在过。

我们的祖先，那些穴居生活者，利用过这些更优秀的文明吗？而我们又从那里面，获得了一些利益吗？

这是很有可能的。可是利益非常小，而且，深深埋在我们的潜在意识中，所以不容易了解。可是，即使是这样，我们却没有进步，只是退化、徒劳无功的努力与毫无意义的损失。

另一方面，我们可以思考的是，在宇宙之中，其中一个像我们这种繁荣的世界，在数千年后，或是在这一瞬间，若达到了我们的目标的话，我们会知道吧！

住在那个世界的人们，只要不是自我主义的怪物（要达到现在的状态，需要必要的知能，就不可能是那种怪物吧？）会将他们自己学到的东西，给我们利用吧？然后，在他们的背后背负着永远，所以，他们大概会救我们，会将我们从污秽的悲惨中拉出来吧！

他们大概超越了物质之后，时间与空间不再具有重要性，他们很可能只生活在毫无阻碍的精神世界中。而且，如果在这个宇宙中，曾经有过一种非常聪明，而且非常优秀的、幸福的某种东西的话，他们应该可以从某个世界，感知到另一个世界吧？

我这样想，是不是合理的呢？如果过去没有发生过这样的事情，未来又为什么可能会有呢？

人类最美的道德，全部都是建筑在人类必须透过战争、痛苦，才让人类变得纯洁、奋发向上、完全的这种思想上。所有的道德都不说明，为什么我们必须不断地重来。

我们体内奋发向上的部分，没有留下任何痕迹的这个部分，自太古以来，到底跑到哪里去了？是消失在无限之中吗？

明明最聪明的“世界灵魂”是存在的，可是，人类为什么想要这种以前没有成功，而且，也绝不会成功的战斗或痛苦呢？

所有的东西，为什么无法一鼓作气地到达完成的领域呢？是因为必须配得上那种幸福吗？可是，比自己的兄弟参与更多的战斗，承受更多的痛苦，可能会拥有更多的好处吗？

他们拥有鼓励它们的力量或美德，是不是只不过是因为外在的力量，让他们感受到比其他人更多的怜悯，所以才给他们这些力量与美德的呢？

不用说，这些问题的答案，是无法在白蚁社会中找到的，不过，白蚁却足以协助我们提出这些问题。

二

就空间而言，非常小，可是，就时间而言，却几乎接近于无限。蚂蚁、蜜蜂、白蚁的命运，可以说是将我们的命运，历经好几个世纪、漫长的岁月，经过浓缩之后，放在手掌上的精彩缩图。因此，研究它们的命运是有益的。它们的命运，预示着我们的命运。

它们尽管经历了数百万年的漫长岁月，尽管对我们来讲，是很了不起的美德、英雄主义、奉献行为，它们的命运还是没有改善。它们的命运虽然变得比较安定、面对某些危险已经变得安全多了，可是，这是比较幸福的命运吗？而且，贫乏的报酬可以弥补巨大的痛苦吗？

不管怎么样，它们的命运在反复无常的环境下，不停地受到玩弄。

大自然的这些实验，有什么目的呢？我们不知道，但是，大自然似乎也不知道。也就是说，如果大自然有一个目标的话，在过去这段漫长岁月中，应该已经达到了吧？

未来的漫长岁月，与过去的岁月有相同的价值。未来、过去与永远的现在，都是一样的，过去不可能达到的，未来也绝对不可能达到。不管我们的运动持续时间与振幅是怎样，我们在两个无限中间是不动的，在空间与时间中，总是停在同一个地点。

问自已物与世界要去哪里，是很幼稚的。它们哪里都不去，它们已经到达了。数千亿世纪后的状况，与现在或数千亿世纪前是一样的吧！也就是说，从一开始到结束，都是一样的。

本来，就没有所谓的开始与结束。不管是在物质世界或精神世界，不可能变得更多，也不可能变得更少。科学的、知性的、道德的全领域中，我们可以获得的东西，在过去所有漫长岁月中，是必然会获得的。而且，就像过去的经验、知识，没有改善现在一样，今后能够取得的新知识或经验，也不会改善未来。

宇宙、地球或思想中的一部分，会被新的东西取代，可是，新的部分也跟以前的东西一样吧！因此，整体来讲，现在或过去都是同一个。

整体都在追求完美，为什么经历了漫长无限的岁月之后，却还不完美呢？有一种比整体还要强而有力的定律吗？这个定律在包围着我们的无数个世界中，过去不允许我们完美，未来也绝对不允许吧！只要让其中一个世界达成目标，其他的世界不可能会不受影响吧？

我们可以认同经验或试炼，会有一些帮助。可是，我们的世界在无限漫长的岁月之后，只能到达现在这个地点，所以，这不也证明了经验是没什么用处的吗？

在无数的星辰中，所有的经验不断重复，而且没有得到任何结果。为什么这是合理的呢？是因为空间与时间是无限的，是无边无际的吧？基于无限重复的理由，行为就会变得更加有益吗？

对于这个想法，能够提出异议吗？

几乎什么也没办法说。我们并不知道，在我们的上面或下面或内部，现实上正在发生什么事。

严谨地来说，我们在一个完全无法了解的领域中，从悠久的过去到现在，也许一切都在进步，没有失去任何东西。我们活着的时候，绝对不会发现到这些。可是，我们那具让价值混乱的肉体，只要不扯上这个问题，一切就立刻变成可能，一切就会与无限一样，变成无限，所有的无限就会连接起来。结果，所有的机会就会复活。

三

我想重新确认的是，所谓的知能，就是可以充分理解一切是不可解的这种能力。然后，从人类的幻影深处来看事情，这种幻影，结果也是一种真实吧！总之，这是我们唯一可以到达的真实。

平常会有两个真实，一个是过于高远的、非人性的、过于绝望的真实，只有不动与死。

另一个虽然没有那么真正的真实，但是，因为我们遮着眼睛，让我们笔直前进，让我们对活着产生兴趣，然后，让人活着，忘了人生的结局是坟墓，让这种事情变成可能的所谓真实。

从这个观点来看，就很难否认，现在正在谈论的大自然的试验，看起来是接近某种理想的。

在地球上，只有在膜翅类与直翅类的昆虫共和国中，明确地实现出这种理想（为了打击危险而过度的希望，了解这个理想并不坏）。

先不谈几乎不存在，已经无法研究的海狸，在现在可以观察的所有生物中，只有蜜蜂、蚂蚁、白蚁，是从母亲与孩子这种基本的结合出发，渐渐进化，就如已经提到的，各种不同种类中，可以看到所有的进化阶段。

并且，白蚁让我们看到，当我们抵达可怕顶点或某个完成的阶段时，那种知性生活或政治经济组织的情景。

实际上，从严密而效用的观点来看，也就是说，从能力的开发、工作的分配、物质的利益等观点来看，我们还没达到它们那种完整性。我们在我们自己里面看到过于主观的面向，同时，白蚁让我们看到了，让我们不安的“世界灵魂”的面向。

结果，这就是观察昆虫真正的趣味所在。

昆虫观察是不理会所谓的根源性，看起来相当卑微、无益处，几乎是幼稚的。我们透过昆虫研究，必须学会警戒宇宙对我们的意图。科学以为是自己发现这种意图的，以阴险的形式，让我们接近那种意图。光是这样，我们就必须更加警戒。

统治科学的是大自然，或者是宇宙，不可能是别的东西，而且，这是很不稳定的东西。我们今天对于许多不隶属于科学领域的事物，都太容易用科学来看待了。

四

今日科学的基本公理可谓是所有的一切，特别是社会，都必须从属于大自然。这种想法、说法，是非常理所当然的。

我们在深深的孤立与无知中挣扎，我们只有大自然这个道德、标记、引导、主人，除此之外，别无他物。可是，有时候建议我们远离大自然，对抗大自然的，也是大自然。如果我们不听大自然的声音，我们会做什么呢？我们会去哪里呢？

白蚁以前也是相同的情况。别忘了，它们比我们早了数百万年，它们拥有比我们还要遥远的过去与经验，从它们的眼光来看，我们是新来的，几乎是幼儿。

它们会不会比我们聪明呢？

我们没有权利去假设说，因为它们没有火车、汽船、战舰、大炮、汽车、图书馆、电灯，它们就不聪明。

它们的知性努力，就如同东方的伟大贤者一样，只是朝向与我们不同的方向而已。它们没有采取与我们一样的机械力的进步或利用大自然的方向，是因为它们不需要。

而且，因为它们具有比人类强二三百倍的可怕肌肉力量，所以它们没有想过要用什么方法，来增强它们的肌肉。

另外，它们拥有一些人类没有，就算有也不太有用的各种感觉器官。因此，从人类不可或缺的一些辅助用具中解放了出来，这也几乎是事实。

简单地说，我们所有的发明，是因为必须协助我们的软弱，弥补弱点才产生的。如果在一个所有的人都很健康，没有病人的世界中，就会完全看不到医学或外科等进步的科学痕迹了吧！

五

“宇宙”的精神或灵的力量，可以通过的唯一水路，是人类的知能，这是宇宙力量具体化唯一的场所吧？

我们人类确信，因为我们有知能，所以在这个地球上，以及所有世界中，恐怕我们是最高权威了。

可是，更大、更深、更难以说明、更非物质性的这种灵的力量，是借由知能在我们里面具体化的吧！

在我们生活中所有的本质，换句话说，生活的实质，与我们的知能是无关的，但是，也不是敌对的吧！而且，对我们来讲，我们是不是把很难理解的一种灵的力量，就称之为知能呢？

知能的种类与形式，是与活着的东西，或应该说与存在的东西（因为被称为死者的东西，也跟我们一样是活着的）具有相同数量吧！除了我们的傲慢与蒙昧之外，没有任何证据，可以证明某个知能比别的知能优秀。人类自认为是宇宙的尺度，这不过如泡沫般虚无。

而且，我们能够了解白蚁发明的东西吗？它们巨大的建筑物、经济式的社会构造、分业、阶级制度、它们的政治制度（从君主制发展到更柔软的寡头政治）、粮食的调配、化学、隔间、暖气、水的再生、多形现象等等，令我们再度惊讶的事情，也是我们无法理解的吧！

我们是否要问，因为它们比我们早好几百万年出现，恐怕我们即将必须克服的试炼，它们以前会不会已经克服过了呢？

地质学的时代，住在北欧的时候（在英国、德国、瑞士都发现到它们的痕迹），它们因为气候的急速变化，不得不适应地下生活。可是，地下生活使它们的视力渐渐衰退，让大多数的白蚁渐渐失明，这是我们已经知道的事情。

数千年后，当我们必须逃到地球的内部寻找余热时，会不会同样的试炼也在等着我们呢？

我们会跟它们一样，巧妙而优秀地克服这些试炼吗？

我们知道它们如何彼此了解，取得联络的吗？

我们是否知道，它们是如何达到纤维素的二重分解呢？它们是基于什么样的经验与摸索，才学会的呢？

它们用我们想都没想到的方法，享受着一种人格或集团的不灭，而且，献上前所未闻的牺牲。这种人格或说集团的不灭是什么呢？我们知道吗？

虽然说是为了配合共同体的需要，可是，它们彼此之间却可以制造出五六种不同类型的白蚁，几乎让人无法想象是属于同一种类，它们是如何获得这种异常的多形性呢？我们知道吗？

这难道不是比发明电话或无线电，更与大自然的秘密有关吗？这岂不是解开发生与创造的神秘，决定性的第一步吗？

关于这么优秀而重要的部分，人类有多少程度的进步呢？我们不只不能随心所欲地要生男就生男，要生女就生女，我们甚至在孩子出生前，都无法知道孩子的性别。

如果我们知道这种不幸昆虫知道的事情，在受胎前就已经极端的专业化，就可以创造优秀的运动选手、英雄、工人、思想家，这些人的优秀程度，很可能是过去不可能有，也不曾有过的！

白蚁成功地让兵蚁的下颚或女王的卵巢变得异常肥大，而我们为什么无法成功地让我们在这个世界上，唯一的防卫手段，也就是我们特有的器官“脑”变得更为肥大呢？这应该不是不能解决的问题。

例如，像头脑优秀的帕斯卡尔或牛顿，倘若有个比我们之中最聪明的人，还要聪明十倍的人，我们是否知道，这样的人能够做什么事情？会有多优秀吗？

他在所有的科学领域中，可能只需要几个小时，就可以超越我们必须花好几个世纪才能完成的发展阶段吧！而且，这个聪明的人一超越了这个阶段，也会开始理解一些我们不懂的事情吧？

例如，为什么我们会活着？为什么我们会在这个地球上？我们都会死，为什么还需要这么多的痛苦呢？

为什么我们会错误地以为，这些痛苦的经验是无意义的呢？为什么漫长岁月的努力，只成就了我们眼前的东西，也就是没希望的悲惨呢？在目前的世界里面，没有人可以回答这些问题。

也许会跟发现美国一样，他会用确实的做法，发现另一个次元的生活。也就是说，我们不停想象描绘的生活，所有的宗教应允给我们的生活（宗教没有实践它们的应允，但是，它们发现那种生活）。我们的头脑现在很脆弱，可是，我们可以感受到知识的浩瀚深远。稍微一推，我们就会沉落其中。在威胁着人类的黑暗、冰冷时代中，人类不是该依赖头脑肥大，来拯救人类，或者至少延缓执行呢？

可是，在很久以前，也许在某个世界里面，就有过这样的人。而且，不只是十倍聪明，而是十万倍聪明的人。物质是无边无际的，为什么精神却有极限呢？为什么这种事情就不可能发生呢？

如果，这种事情是可能的，过去也确实已经发生过了。而且，如果已经是这样了，那么有可能毫无痕迹吗？如果没有留下任何痕迹的话，为什么我们还在期待呢？我们期待什么？没有存在过的东西，或是不可能存在的东西，为什么会拥有存在的机会呢？

对我们来讲，地球的目的只有死，没有其他的。可是，比我们聪明十万倍的人，会知道这个地球真正的目的吧！可是，他会看到宇宙除了死之外的目的吗？除了死以外的目的，有可能存在吗？目前，还没达成除了死以外的目的。

这样的人，几乎已经是神了吧！而且，如果神无法给被造物幸福的话，当然就会觉得不是神了（可以永远持续的唯一幸福，是虚无或者被称为虚无的东西。也就是说，不是无知或完全的无意识）。

也许这就是各种伟大宗教，以皈依神之名，隐藏的最后一个大秘密。一直到所有世界的终了以前，持续拥有现在的意识，是更冷酷的惩罚。因为害怕无法理解这一点的人类，会落进绝望之中，因此，所有的宗教都不说出这个秘密。

六

再回到白蚁的话题吧！也许有人会认为，它们的能力不是它们在自己体内发现的，而是大自然赋予的，或至少是大自然教导的，但是，我希望各位不要这么说。

因为，我们对于这些事情一无所知。而且，它们并不特别，它们不就跟我们一样吗？

大自然之灵会让它们朝着这个发现去走，很可能只是因为它们打开了我们过去对大自然之灵一直关着的路。我们的发明，全部都是根据大自然的指示。要去分辨人类扮演了多少角色，而散存于宇宙的智慧又扮演了多少的角色，是不可能的。

这已经在“大秘密”中提到过了，但是，我想在这里再提一次。

艾尔涅斯特·卡普在《技术的哲学》中，已经完全证明了“我们的发明或机械，全部都是有机体的投影，换句话说，只不过是无意识地模仿大自然的供给而已”。

我们使用的帮浦，是模仿心脏的帮浦，连接棒是关节的重现，摄影机是眼睛的暗室，电信机则是神经系统的表现。

在X光线之中，可以透视物体，例如那位女千里眼，她可以看到三层金属箱子里面，密封起来的信件内容，她肉体的特性获得肯定。经由类似赫兹波的电波，从直接交互传递想法的心电感应中，无线电信得到提示。

心灵术的空中漂浮、物体没有碰到却会移动，这些现象虽然很诡异，可是，却可以找到我们无法利用的另一个提示。

根据这个提示，也许有一天，我们会找到一种方法，使我们可以克服重力的可怕法则，让我们不再被绑在地球上。

这个法则，可能不像一般人想象的那么难以理解，或永远无法理解，而是非常有魅力的，换句话说，可能是个很容易处理，也可以利用的东西。

第十一章 本能与知能

白蚁的所有经验都被保存下来，因为它们的生存没有中断，它们的记忆绝对不会消灭或分散。而且，单一的记忆继续存在，不断运作，集团灵魂的所有猎物，都持续集中在中央。

一

本能与知能，是无法解决的问题。

奉献一生研究这个问题的J.H.法布尔，不承认昆虫的知能。透过他让人觉得很独断的实验，证明不管多灵巧、多勤勉、多小心翼翼的昆虫，一旦发现它的习惯，就会发现它是机械性的行动，毫无意义、愚蠢、漫无目的地继续工作而已。

他得到以下的结论："只要是在指令中的固定路线上的每一样东西，本能都知道。可是，在这条路线之外的东西，本能就什么都不知道。动物是在正常的条件下行动呢，或是在偶然的条件下行动呢？依据不同的条件，可能成为崇高知性的灵魂，也可能成为极端愚蠢无差别的东西，但是，不管怎么样，都是根据本能而来。"

例如，兰葛德克地区的穴蜂，是非凡的外科医生，拥有正确的解剖学知识。穴蜂在葡萄田里，对着蝴蝶的胸部神经节刺针，借由压缩其颈部神经节，而将之完全麻痹，但是，绝对不会杀死它。

接下来，穴峰在这个猎物身上产卵，把猎物关在巢的里面，小心地把巢封闭起来。从这个卵里面生出来的幼虫，一出生就立刻可以找到不会动、无害、又保持新鲜，丰富的生鲜食物了。

但是，若在它们开始封巢的瞬间，将蝴蝶拿走的话，巢被弄乱的期间，穴蜂会一直静静观看，若太过危险，它们就会立刻回巢，惯性般小心地检查巢。可是，即使已经确认巢里面没有蝴蝶与卵了，它们还是会从中断处重新开始工作。也就是说，开始小心地将什么都没有的巢封起来。

果蝇或切叶蜂（Chalicodoma）也显示出类似的例子，特别是切叶蜂，通称石工蜜蜂，这个例子是典型而显著的。

切叶蜂在巢穴中储存蜂蜜生完卵之后，就把巢封起来。蜜蜂不在的时候（当然必须是在专心做巢的时候，但是，巢穴一有裂缝，蜜蜂就会立刻修理），做完巢，一开始储藏的工作，即使巢出现裂缝，蜂蜜从巢里面一点一点地流出来，它们还是继续把蜂蜜吐在破掉的巢穴里。只要蜜蜂推测状况没有异常，它们就会注入满满的蜂蜜，满意地生下卵，很严肃而仔细地把空巢封起来。

从这个实验，以及无法在这里列举完的其他实验，法布尔得到以下明确的结论：

“只要新的行为不会脱离现在工作的顺序，昆虫就可以处理偶发事件。一发生不同种类的事件，昆虫无法理解，就会失去冷静。然后，会像非常精巧的机械一样，会持续采取毫无道理、宿命而盲目的愚蠢行动，一直到一连串规定行动的极限，无法从那些行动中折返。”

看到这些行为，没有提出异议的余地。而且，这些行为都以相当有意思的形式，重现了在我们自己体内，或是我们无意识的、有机的生命之中发生的事情。

在我们体内，可以看到知能与本能交互作用的例子。近代医学对于内分泌、毒素、过敏症等等，提出很多的例子，其中之一，就可以简要地说明这些大部分的例子。

就像现在连孩子都知道的，发烧是经由无数巧妙、复杂的互助合作才能完成的，是我们有机体的反应与防卫。我们在制止有机体的胡乱行为，找到控制方法之前，发烧不是病，并且会确实打败患者，这是很普通的。

更残酷、更难医好的病，也就是伴随着无秩序细胞繁殖的癌症，是因为负责防卫我们生命的要素，表现出不合时宜、盲目的热心而造成的。

话题再回到穴蜂与切叶蜂身上。首先希望各位注意的是，它们是孤独的昆虫，也就是说，它们的生活很单纯，直线前进、普通，没有任何东西会中断或破坏它们的生活。社会性昆虫的生活，总是与无数伙伴的生活纠缠在一起。从社会性昆虫的角度来看它们的生活，事情就不一样了。每前进一步，就会发生预料之外的事。不能转弯的惯例，不断引发无法解决的不幸纷争。因此，就必须适应每一瞬间改变的状况，不能缺少的是不断的适应。

就跟我们一样，要找出本能与知能之间暧昧的界线，就立刻变得很困难。两种能力，可能拥有相同的起源，发自相同的源头，因为是同性质的，所以就更困难了。

唯一的差异，是一种会时而暂停、反省、拥有自觉，可以了解自己身处的地点，而另一个则是盲目地笔直前进。

二

这些问题还是令人感到相当茫然，即使做了更严谨的研究，还是常常互相矛盾。因此，一方面，我们遇到的蜜蜂，是从长年的习惯中解放出来的，解放的程度令人惊讶。

例如，人类用机器压出形状的蜜蜡棚，一给它们，它们立刻知道如何使用。简单装设蜜房的这个棚子，从根本颠覆了它们的工作方法。一般要花费数周，挥汗工作，消耗掉大量的蜂蜜才能建成，可是，现在只要几天就可以完成了，而且，还发生了以下的事情。

被送到澳大利亚或加州的蜜蜂，它们知道那个地方随时都是夏天，随时都有花，经过了两三年，它们习惯了那种生活之后，只会收集一天消耗所需的蜂蜜与花粉。它们新的合理经验，战胜了祖先传下来的经验，它们不再为冬天储存粮食。

另外，在巴贝多岛，因为制糖所中全年都有丰富的砂糖，所以，蜜蜂完全不再拜访花朵了。

另一方面，观察蚂蚁的工作，我们不得不注意它们共同作业中愚蠢的不一致。如果可以彼此沟通，两只蚂蚁可以轻易将一个猎物运送到蚂蚁窝的，可是，现在却有一打的蚂蚁把这猎物往相反方向拉扯。

根据蚂蚁学者 V. 可尔涅兹与提塞利耶的观察，对于收割蚁的不一致与愚蠢，有更明白更适切的例子。例如，好几只工蚁在麦子的麦穗上，想要切开包围着麦粒的芒的根，这时候一只大的工蚁会在穗子略下方处，想把整根茎切断。而且，这只工蚁不知道自己在做的事情，是非常花时间、痛苦而且几乎是白费工夫的工作。

这种收割蚁会在它们的巢里，储存超出需要量的谷物。一到雨季，这些谷物就会发芽。农民会借由突然发芽的麦子，知道蚂蚁巢的所在，迅速毁掉巢。从好几世纪以前，就不断重复这种相同的宿命现象，但是，经验却没有改变收割蚁的习惯，没有教会它们任何事情。

北非其他的蚂蚁，像是双色箭山蚁（Myrmecocystus Cataglyphis bicolor），这种蚁的脚非常长，可以在太阳底下，在晒到超过 40 度的地面生活，但是，其他短脚的蚂蚁就会被太阳晒死。

它们以 1 分钟 12 米，近乎疯狂的速度前进（任何事情都是相对的）。它们的眼睛，只能看到五六米前方的东西，所以，如旋风般奔跑的它们，什么都看不到。

即使它们从喜欢的砂糖上面经过，也没发现到，在长时间疯狂快跑的远行之后，没带任何东西就回到巢里。

几百万年来，好几百万只这种蚂蚁，每年夏天，重复这种英雄式而滑稽的相同探险，而且，它们不知道，这些行为是徒劳无功的。

蚂蚁的知能比蜜蜂低吗？以我们的知识，无法如此断言。我们将蜜蜂单纯的条件反射归诸理性，而且，我们不太了解蚂蚁。

我们的解释，会不会都只是我们想象的幻影呢？

超乎我们想象，常常犯错的，是“世界灵魂”吗？

我很清楚地知道，大自然更让人生气的谜团之一，就是在大自然中清楚可见的错误，与非理性的行为。因此，人们相信，大自然有天才，可是却不明智，大自然绝对不是知性的。可是，我们是否有权利让自然的行为违反理性呢？

我们只不过是大自然中的一个霉菌，这些都只是我们小小的头脑做出的判断。有一天，我们大概会发现大自然的合理性吧！这恐怕会压垮我们脆弱的理性吧！

我们让我们的理论，站在理性的权威上，由高处判断一切。简直就像是除了我们之外，就没有其他的理论，好像我们是唯一的向导，没有任何东西可以违反那些理论，似乎还认为是理所当然的。

可是，这种想法是完全不正确的。在无限广大的空间中，这应该是错的看法！虽然大自然犯了许多次的错误，可是，在这么说之前不可以忘记，我们还生活在无知与深深的黑暗中，如果不到另一个世界去，是无法了解这片黑暗的概况的。

三

回到白蚁的话题，我还想附加说明的是，蚂蚁的观察比蜜蜂更加困难，而把一切都奉献给黑暗的白蚁社会，又比蚂蚁更难观察。可是，刚才提出来的问题，比外表还重要。昆虫的本能、界线、知能与本能的关系、如果能够更了解“世界灵魂”，我们应该就可以了解，隐藏着有关生死等一切秘密的器官的本能吧（因为昆虫与人类的本能，都是一样的）！

在这里，我不打算一一检讨有关本能的假设。即使是更博学的学者，所谓的详细检讨，只不过是拿一些毫无意义的技术词汇，来做剪贴而已。

某学者说，所谓的本能，只是“无意识的冲动、本能的反射性运动”、“长期间的适应结果、被植入脑细胞、如一种记忆一般，刻在神经物质之中的先天性精神倾向”，“被命名为本能的这种倾向，如一般的生命力一般，遵照遗传的法则，一代传一代”。

更清晰而合理的学者断言，所谓本能，是“遗传的习惯，自动化的理性功能”。也有学者如德国人里雅特·齐蒙，借由“包含无意志记忆的个人有机记忆的心象”来解释一切。

他们几乎一边无可奈何地承认，大部分的本能，都根源自一个理性的意识性行为。可是，不知道为什么，却执拗地主张，在最初的这个理性行为之后，所有的东西，都是自动化行为。

既然有一个理性的行为，就会有好几个理性的行为，这是非常自然的。不是一切，就是无。

我还不打算谈柏格森[①]的假设。

他认为，本能只是生命持续进行自然的有机性组织化的工作。这是清楚的事实或是同语反复（同义字反复）？因为生命与自然，是同一个未知物的两种不同称呼。可是，在《物质与记忆》或《创造的进化》的作者的论述中，非常清楚的真相常常是很舒适的东西。

① Henri Louis Bergson，1859–1941，法国哲学家。

四

但是，不能将蚂蚁、蜜蜂或白蚁等昆虫的本能，暂时与集团的灵魂、一种不死不灭的东西、集团式且无限的东西联结在一起吗？

蜜蜂、蚂蚁或白蚁巢的居民，如前面提过的，看起来就像一个单一的个人，就像一个生物体一样。

从无数个细胞组成的这个单一的生物的器官，表面上是分散的，实际上，是隶属于同一个能源或是生体，或同一个中央的法则。

一部分的白蚁，就算死了几百只、几千只，还是可以借由这个集团不死不灭的力量，立刻由其他的白蚁递补，单一的存在不会受到任何影响与变化。就跟我们一样，我们身体里面，就算死了数千个细胞，其他的细胞也会立刻去递补，我们的生命不会受到任何打击与变化。

就像不老不死的人类一般，数百万年来，同样的白蚁一直活着。结果，这些白蚁的所有经验，都被保存下来。因为它们的生存没有中断，它们的记忆绝对不会消灭或分散。而且，单一的记忆继续存在，不断运作，集团灵魂的所有猎物，都持续集中在中央。

因此，蜂后虽然数千年来只产卵，不去采花蜜、花粉，可是，她所生的雌工蜂，从离开蜂巢的时候开始，她就知道了所有母亲所不知道的事情。之所以如此，应该可以理解了吧！

工蜂们第一次飞行的时候，就已经知道方位的测定、采蜜、幼虫的饲育、巢的复杂化学等所有的秘密了。

她们知道一切，因为，她们是整体的一部分，她们只是其中一个细胞的有机体，她们知道要维持自己所需要的一切事物。

看起来她们好像是自由地在空间中分散开来，可是，不管飞到多远，她们都会跟中央组织连接在一起，不会停止协助这个组织。她们就像我们身体的细胞一样，沉浸在同样的生命的液体中。

对她们来讲，这生命的流体，比我们的肉体的生命流体，更具伸展性、更柔软、更微妙，是精神上的，或是以太的。

而且，恐怕这个中央组织，是与蜜蜂独自的普遍灵魂，一般被称为普遍灵魂的东西连接在一起的吧！

我们以前与这个普遍灵魂的连接，比今日更加紧密。不用说，潜在意识与普遍灵魂是有沟通的，这几乎可以确定了。我们透过知能，远离普遍灵魂。然后，一天比一天更加远离。我们的进步，是孤立的吗？这不是我们特有的错误吧？

有人主张，希望人类的头脑变得更肥大，当然，也可以提出反对的论点。可是，这个问题中，没有任何可以确定的事实，其中必然存在着好几个假设。就像悲哀的错误，达到极致而变成许多真理一样，长久以来被视为真理的东西引起混乱，摘下它的假面具之后，就知道只不过是错误与虚伪。

五

白蚁提供给我们模范的社会组织，或是未来图或科幻图像吗？我们也朝着类似的目的前进吗？

不要说那是不可能的，不要说人类绝对不会变成那样。要达到我们难以想象的地步，是比我们预料的还要容易、还要快的。要改变持续了好几个世代的道德或命运，经常都只需要一些非常微小的事情就够了。宗教改革不就是因为一些微小的事情而产生的吗？

我们希望拥有更高度的生活，也就是充满了美、安乐、闲暇、和平、幸福，更知性的生活。

虽然我们没有达到过那种生活，但是，我们曾经非常接近过，以前曾有过两三次，在雅典或印度，也就是在公元纪元后某个时期。

但是，在现实中，人类是否命定会往这个方向前进呢？这是个疑问。人类也可能朝着对角线的相反方向前进，这种预测也是合理的。

如果，某位神针对我们的未来，与其他永远的诸神打赌，更有洞察力的诸神会赌哪一种说法呢？帕斯卡尔会说："就道理上来讲，这两个说法，我们都无法为任何一方辩护"吧！

当然，属于物质的东西，都是暂时的、容易改变的、会消失的，所以，不管是在坟墓的这一边或是那一边寻找，只有在精神生活中，可以找到完全稳定的幸福。

这种精神生活是否可能呢？理论上是可能的，可是，实际上，我们眼睛所到之处，我们的知觉感知到的，只有物质。

我们的头脑本身，也不过就是物质，为什么却期待着要去了解物质以外的东西呢？头脑努力各种尝试，可是，一离开物质，就只是虚无地到处动来动去而已。

人类的境遇是悲剧，人类主要的敌人，也可能是唯一的敌人，就是物质。所有的宗教都感受到这一点，在这一点上的意见是一致的。轻蔑物质、指责物质，无论如何都想要逃离的，就是物质。

不只是人类的内部，所有东西的内部都是物质。因为能源、生命，恐怕只是物质的一种形态、一种运动而已。而且，非常矛盾的是，看起来似乎是永久的没有生气、不动，有如死掉似的物质，却经由比我们的思考更有精神的东西，赋予了活力。

因为物质就像事物起源以来，反复无常的游星一样，在中央的核周围盘旋。可怕而令人眩晕的、坚强不灭的生命，非常不可思议，是无法估计、难以捉摸的，是流动的、电气的、以太的力量。

但是，就结果来讲，不管往哪个方向前进，我们都会到达某个地方，到达某个阶段。而所谓的某个地方或某个阶段，是虚无之外的东西吧！因为让我们的头脑感到困扰，觉得是不可解中的不可解的，正是所谓的虚无。原来，对我们来讲，实际上所谓的虚无，就是身份的丧失，或者是说自我的小记忆的丧失。

换句话说，所谓的虚无，就是无意识。可是，简单地说，这不外乎是褊狭的观点，我们必须超越才可以。

我们可能会往两个方向走，一个是我们的自我变得很大，也变得非常普遍性，于是完全失去了以前在这个地球上，曾经是个微不足道的小动物时代的记忆，或是对那时候的记忆视若无睹。否则，另一个方向，就是自我就会一直保持在很小的状态下，一直受到那种凄惨影像所影响。这么一来，天主教徒地狱里的那种折磨，也比不过这种不幸吧！

不管我们是有意识的或无意识的，我们到达某个地方，在那里发现了某些事物，一直到我们的种灭亡以前，都会满足于这些事物。然后，别的种又会开始别的循环。于是就这样无限地继续下去。不要忘了，我们的本质的神话，不是巨人普罗米修斯、西修波斯或达奈德。

总之，只要没有确定，就这么想吧！从我们周围所见的所有东西、与一切现实无缘的理想、我们可怕的沉默、混沌、野蛮中，非常缓慢地，而且辛苦地提出来的理想，都是与世界灵魂的理想完全不同的。

因此，不用期待有什么改良，而且，某种茫然的本能或遗传的乐观主义给我们的承诺，全部都与死一样的确实，是不可避免的，希望大家都是在这种想法下行动。

简单地说，任何一种假设都一样，都很像真的，也都很难证明。我们推论精神世界是存在的，可是，只要我们是存在于肉体之中，我们就会完全被排除在这个精神世界之外，无法与之交涉。

若要怀疑的话，为什么不选择一个更能让人有勇气的假设呢？原来如此，一个更让勇气挫折的假设，会不会是个不期待任何东西的假设呢？因为当我们拥有一个太过确实的希望时，我们大概立刻就会觉得那个希望很小，又会开始厌恶这个希望，最后，就会到达真正的绝望。

就像爱比克帝托斯[①]说的："不要想去改变事物本然之理，因为那是不可能的，也没有好处。要接受事物本来的模样，要

① 译注：罗马帝政时代的斯多亚学派哲学家。

学习让我们的心去配合。”

自从尼可波里斯的哲学家之死以来，经过了将近两千年的岁月，我们还没听过比这个结论还要快乐的结论。

译 后 记

黄瑾瑜

《白蚁的生活》，是我接触的第一本昆虫书籍。也因为翻译这本书，使我搜遍书店里的昆虫学书籍、图鉴。即使买了许多相关参考书，堆满了书柜，还是有许多我不了解的地方。也许，对一个没有昆虫学背景的译者而言，这是理所当然的状况。

但是，当这本书是要呈现在读者面前时，没有昆虫学背景，不能成为随便处理这本书的借口。一个译者必须善尽忠于原文，并且确认正确数据的义务。

而且，即使有昆虫学背景，书中许多白蚁，都不是台湾产的白蚁，台湾本土的研究资料中，不包含书中提及的许多白蚁，当然，我这个外行人也是找不到数据的。

就在这时候，透过台大昆虫学系洪主任的介绍，获得朱耀沂教授与吴文哲老师的协助，让我在翻译这本书的过程中，得到很多的帮助。

非常感谢两位教授，愿意在百忙中，为一位素昧平生的译者，花下这么多时间查数据、确认内容。

教授们针对我提出的疑问给我解答，给我相关参考数据。如果书中有任何错误或疏忽的地方，责任都应归属于我这位译者的疏忽。若读者发现有任何问题或错误，欢迎各位读者不吝指正。

蚂蚁的生活

作者序　蚂蚁学的预感

从不同的观点来看，微不足道的蚂蚁巢，也可能是我们人类命运的缩图。不管在地上或在天上，大自然隐藏的奥秘，都是一样的，要解开秘密，从蚂蚁巢下手，会得到更快更有效的线索。

一

常常有人问我：已经完成的两部作品《蜜蜂的生活》与《白蚁的生活》，都获得不错的评价，但是，为什么不将昆虫三部曲完成呢？

我犹豫了很久，因为蚂蚁是一种让人难以产生共鸣的生物，而且，一般人已经对这种生物非常了解了。蚂蚁的知性、勤劳、贪心、敏捷、小心翼翼、政治性，我觉得现在似乎不需要再去重复谈这些事情了。这些知识，已经形成了我们小学时期，学习的共同财产的一部分，与《提摩皮列之战》（*The battle of Thermopylael*[①]）或《耶利哥的策略》（*The siege of*

① 公元前480年，希腊联军中的斯巴达（Sparta）城邦军在著名将领雷欧尼达斯（Leonidas）的指挥下，率领7000人死守舍摩匹雷（Thermopylae），全军覆没，仅一人生还（该生还者日后被迫自杀，因为他没有跟着一起在舍摩匹雷与全军玉碎），波斯大军进逼雅典，但希腊联军的雅典（Athen）舰队在萨拉密斯（Salamis）以310艘战舰消灭拥有485艘战舰的波斯舰队，波斯帝国陆军后援断绝，撤退，雅典之围遂解。

Jericho[1]）一样，永远留在我们记忆的一个角落里。

以前我住在乡下的时间，比在城市多，自然而然地就对很容易看到的昆虫产生兴趣。也曾经用玻璃盒子养蚂蚁，并没有任何方法与目的，只是观察蚂蚁们忙碌地来来去去，当时没有什么收获。

后来当我再度面对这个问题之后，我才发现到，我们以为已经对蚂蚁非常了解了，可是，事实上却几乎什么都不知道，也许我们对这个世界上的其他问题，也都可以说一无所知。当我们稍微了解一点点之后，才惊讶地发现，我们不懂的事情实在太多了。

要对蚂蚁的问题加以叙述，是非常困难的。蜂巢或白蚁窝都筑在一个较固定的区域，所以，可以做一个概观，因为那个区域里面，会存在着典型的蜜蜂社会、典型的白蚁社会。

然而，蚂蚁的种类有多少种，蚂蚁社会的种类就有多少种，种类不同，生态就不同。因此，我不知道该以什么为叙述对象，也不知道该从哪里着手。因为材料太丰富、太多样，可以不断细分下去，因此，兴趣焦点就会分散到所有方向，扩散迷失了；统一是不可能的，焦点是不存在的。要写一个家族或一个都市的历史，可能可以写，可是，我要写的对象却是数百个不同民族的编年史，或者应该说是这数百个民族的日记。

而且，从第一步开始，就陷入蚂蚁相关文献的泥沼中。关于蚂蚁的文献，可以与华盛顿昆虫学研究所中，记录了两万多张卡的蜜蜂学文献数量匹敌。

① 圣经上的故事，描述摩西的继承人约书亚率领以色列人攻打耶利哥城，抬约柜绕城7日，城墙自行崩塌而不攻自陷的故事。

威廉·惠勒（William Morton Wheeler）在《蚂蚁》这本书最后面，列出来的参考文献，就占了那一本书大部分的页数。但即使列了那么多文献，也还没有将所有的文献列出来，那里面没有记录最近20年来的出版品。

二

就因为这样，所以我们只能设定范围，追随前人的引导了。

先不提亚里士多德（Aristotle）、普林尼（Pliny）、阿尔罗旺（U.Aldrovandi）、史汪梅达（J. Swammerdam）、林奈（C. Linnaeus）、威廉·古德（William Gould）、盖亚（De Geer）这些先驱，我们先把脚步停在蚂蚁学之父，卢内·安特瓦·菲修德·雷欧米尔（Rene-Antoine Ferchault de Reaumur）面前吧！

他是蚂蚁学之父，可是，研究蚂蚁的后学者，却不知道有这位蚂蚁学之父。他的《蚂蚁的故事》草稿，与他晚年的原稿埋在一起，1860年在法国发现之后才闻名，但是也就只有这样，后来就被人完全遗忘。

美国的伟大蚂蚁学者惠勒在1925年再度发现，第二年，出版了加上注释与英译的法语版。虽然这本书对前世纪的昆虫学没有丝毫影响，可是，现在读起来很舒服，也有很多收获，光是这一点，就值得注目了。

路易十四世去世那一年，雷欧米尔32岁，他用优美的旧时代语言写出了这本书。另外，相信在这本书中的几个观察，都是最近一些成果的观察萌芽阶段，书中也充满了许多几乎接近完成，不只处于萌芽阶段的好见解。这本书还没有写完，还不到一百页的这本小书，不止刷新了今日的蚂蚁学，也创始了今日的蚂蚁学。

他的这本著作，从一开始，就打破自所罗门王（Solomon）、圣西罗姆斯（St. Jerome）或中世纪以来，盘踞在蚂蚁社会的许多传说或臆测。

将蚂蚁放进名之为“普德烈”（浸吸墨水粉盒）的容器里面观察，这种想法也是他第一个想出来的。

这种“普德烈”，根据他的定义，是类似于经常会在喜欢古董的人的书房里面看到的“普德烈”，是一种“口径与底部直径相同的玻璃容器”，对后来的昆虫学有很大贡献，是人工巢的先驱。

他也证明了一件大家已经经验过，也了解的事实，那就是蚂蚁在潮湿的土壤之中，就算一年没有食物，还是可以活下来。

而且，他了解蚂蚁婚飞的重要性与意义，为什么雌蚁拥有翅膀呢？为什么结婚后，就失去翅膀呢？第一个针对这些问题说明的人，也是他。在这之前，大家都相信，那是为了让它可以严肃地死亡，是一种安慰，所以，让雌蚁年老之后，才生出翅膀。

雷欧米尔也在古德（Anticipating Gould）之前，注意到了交尾后，蚁后创设蚁巢的方法。

他观察研究产卵的状况，也注意到卵在成长过程中，神秘谜团的关键在哪里，也就是说，他注意到了内向渗透。

另外，也叙述了幼虫如何开始制造包围自己的茧。他指出，“彼此之间，用黏着的线织出来的东西做出茧，因为太过紧密，如果不知道这是织出来的，甚至还会误以为这是一片薄膜”。而且，他也没错过后面会提到的交哺行为，是蚂蚁社会的基本行为。他甚至直接观察到生命活动最初的征兆，也就是趋光性。

不过，除了几个小错误之外，雷欧米尔也犯了一个大错误，那就是他把蚂蚁与白蚁混淆了。不过，这种混淆在当时几乎很难避免。要到 19 世纪末之后，才确定了如何区分白蚁与蚂蚁。

三

为了简化叙述，以便立刻进入现代的蚂蚁学，很可惜的是，我必须省略掉在中间出现的昆虫学家们。例如，研究变态的李文霍克（A. Leeuwenhoeck）、第一个尝试分类的拉特雷优（P. A. Latreille）、发现蚂蚁的家畜——蚜虫的单性生殖的伟大博物学者兼哲学家夏尔·波涅（Charles Bonnet），这些就暂且割爱，快速前进吧！

首先，要向解开蜜蜂秘密的富兰索瓦·由贝尔（Francois Huber）的儿子，皮耶·由贝尔（Pierre Huber）致上敬意。这对父子是日内瓦市民，他们的同乡欧基斯特·佛雷尔（Auguste Forel，与瓦斯曼、惠勒、艾米利等人，并列为现代伟大蚂蚁学者，所以，他自己也有资格在这里出现）断言："1810 年出版的皮耶·由贝尔的《有关本地蚂蚁习性的研究》是蚂蚁学的圣经。"

这些话绝不夸张，勉强要挑剔的话，也只能说由贝尔充满魅力、庞大巨著的内容中，有一部分已经太老旧了。每次这类研究一发表，就会同时引起很大的回响，也会出现猛烈抨击的声音。但是，当时用的名字比较平易近人，如"灰黑蚂蚁"、"矿工蚂蚁"、"亚马逊蚂蚁"等，后来又各自取了学名，如 Pratensis、Rufibarbis、Polyergus Rufescens 等等。关于这些蚂蚁种类，由贝尔仔细且不输给他父亲的热心观察，经历了一个多世纪的考验，还没有人指出任何一个缺点。

而且，从以下的原则出发，开发出昆虫学的基本法则，从这个原则起步，绝对不会走错路。

“大自然的惊奇越是吸引我，我就越是要努力，不让人混淆了想象力产生的梦想与大自然的惊奇。”

就像佛雷尔说的，如果《有关本地蚂蚁习性的研究》是圣经的话，佛雷尔的《瑞士的蚂蚁》，就是蚂蚁学大全了。特别是1920年出版的第二版，简直成了蚂蚁的百科事典，没有遗漏任何事物。

可是，有优点也有缺点，因为内容的密度太大，就很容易变成“见树不见林”，很容易在里面迷路。即使如此，他观察的正确性、广泛而诚实的考证学研究，都是无与伦比的。

一谈到有关蚂蚁的事物，有三分之一都是他的功劳。不过他的成绩中，也有三分之二是来自其他专家的功劳，这也是事实。当科学讨论的对象，是个历史比人类历史还长的生物时，就要不断累积成绩以求进步。也许应该说，历史学就是用这个方式发展下去的才对。

会这么说，是因为所谓的蚂蚁学，结果只是在处理一个特殊而未开发的民族的历史而已。

就像所有的历史学一样，必须重复掌握、找出要点。即使十个人代代奉献出他们的一生，聚集了今日我们手上的观察成果，还是很不够。要到达今天的程度，需要将近两个世纪的努力研究。

重要的是，从表面上看起来，似乎支离破碎，毫无关系的许多数不尽的微小事实，会引导出一个意义或一个普遍的观念，这可不是像讲话那样容易的工作。

佛雷尔之后，是瓦斯曼（E. Wasmann）。这位耶稣会派的德国人的名字，在许多蚂蚁学的文献中出现。他特别热心钻研有奴隶制度的蚂蚁种类，献身研究蚂蚁社会的寄生行为达三十年。后面我们会提到，这是非常令人惊讶的研究。

瓦斯曼是个兼具耐力与灵敏的优秀观察家，值得大家学习。他的著作，或投稿到小册子、杂志上的论文等，光是列表就要用上 12 页了。可惜的是，一到难于说明的地方，身为神学家或怀疑论者的瓦斯曼，就会轻易与科学家瓦斯曼重叠（不管怎么说，都适用耶稣会派的解释），容易陷入时而赞美神，时而为神辩护的状况。

哈佛大学昆虫学教授惠勒也是一样，在纯粹而客观的科学中，也会加入其他的要素。可是，他加入的不是神学，而是人的思索，所以，反而更让纯粹的科学，显得活泼生动。

事实上，惠勒不只是像佛雷尔或瓦斯曼那样，他是个仔细而多产的观察家，也是个有深远洞察力的人。他虽然从相同的观察中出发，可是，他有能力可以引导出幅度更宽广的考察，以及普遍的观念。

也来谈谈技师夏尔·珍纳（Charles Janet）吧！无数的调查研究、学会上的发表、专门论文等等，里面都有后来成为范本的解剖图，简明正确，无可挑剔。

珍纳在从事其他领域的学问时，也同时用了五十多年的时间，涉及蚂蚁学。珍纳死后，他的价值才获得肯定，是大师之一。

也别忘了意大利的艾米利（C. Emery）。他专心从事于分类学，这是一种报酬少，枯燥无味，而且非做不可的工作。网罗了大部分蚂蚁的学术性，且详细的特征记载，确立蚂蚁的检索，让人可以正确无误地辨识蚂蚁的种类。原本这些记载，都有如车票的肖像一样不可靠，现在却变成有如质量更好的放大彩色照了。

除了他之外，邦德洛瓦（Bendroit）、艾涅斯特·安德雷（Ernest Andre）两人也在推动分类学。

安德雷所著的解说书，也是现在还可以取得，且唯一浅显易懂的书。可惜的是，这本书的内容太老旧了。毕竟是将近半世纪以前的东西，是佛雷尔的《瑞士的蚂蚁》初版出版时的书，也是瓦斯曼或惠勒刚开始他们的研究时的书，所以，他不知道养菌蚁。当时这种蚂蚁被称为切叶蚁，当时相信切叶蚁是为了铺设巢的通路，才去切取树叶的。

艾米利不知道令人惊奇的编织蚁，也不知道关于行军蚁的最新观察结果，及对于蚂蚁嗅觉、定位能力等令人感到非常有兴趣的实验，以及悲剧性建立蚁巢的方法等等。

而且，含蓄地来说，他们对于这些“土栖膜翅类”的坟场、对死者的礼拜、葬仪队、最高级的埋葬、世代相传的墓地，怀抱了太多感伤的想象。事实上，蚂蚁们只不过是想要尽快收拾，才把尸体送到巢外，这恐怕是因为它们不像白蚁，拥有消化尸体的能力，所以，它们不吃尸体而已。

四

对于蚂蚁学有贡献的人，就介绍到这里。除了刚才提到的人之外，后面还会陆续出现其他的人。

也许这个世界上，还有其他更有用的工作可以做，可是，好几百位有才能的人，却耗费这么多的时间，只为了揭开这种小生物的生活秘密。也许有人会觉得，就为了了解这些微小的秘密，竟然这么辛苦。

但是，生命的神秘没有大小之分。全部都处于同一个水平，拥有同样的高度。仰望广大夜空的天文学家，以及研究小蚂蚁的昆虫学家，都是基于相同的理由，在追求着相同的主题。

所有的科学，没有阶级之分，蚂蚁学也是其中一种科学。相较于许多其他科学，因为研究对象太过遥远，而让人感到充满悲剧性绝望、困难重重，蚂蚁学是比较容易接近的学问。

从不同的观点来看，微不足道的蚂蚁巢，也可能是我们人类命运的缩图。即使是银河系外星云，充满了比太阳大好几千倍，数百万的天体，聚集了无数的球状团块，也不比蚂蚁更令人感兴趣。不管在地上或在天上，大自然隐藏的奥秘，都是一样的。要解开秘密，从蚂蚁巢下手，会得到更快更有效的线索。

除了人类之外，对于那些处于不同发展阶段的生命，我们也必须给予适度的注意。

因此，我希望各位想一想，在我们人类来到以前，可能在这片土地上，度过了数千年、数万年的前人类的种族历史的问题。

没有任何证据，显示那个种族不存在。当我们开始我们的人生，历经数千年、数万年之后，也不能保证不会有后人类的出现。面对悠久的时间，没有过去与未来的分别。

第一章 蚂蚁社会的部分与全体

在这里，有一个我们以前完全不知道的理想共和国、母系的共和国。它们虽然是处女，可是，它们体内燃烧的炽热母爱，比生母还要深。

一

首先，尽可能简单地概述应该记忆的基本观念。

蚂蚁是属于膜翅目、针刺类的昆虫，它们过着土栖的社会生活。到目前为止约发现了6000种蚂蚁①，各自拥有不同的性质与习惯。

这是依据一般说法的分类，如果依照一些更不合常规的分类法的话，数目可能会加倍了。

不过，我们不要踏入属、亚属、种、类、变种、科、族、亚族这个昆虫分类的丛林，一旦踏进去，就没完没了，而且，一点意思都没有。所以，我们按照惠勒的方式，分成以下八个基本的类群就够了。也就是军蚁亚科（Dorylinae）、粗角蚁亚科（Cerapachyinae）、针蚁亚科（Ponerinae）、细蚁亚科（Leptanillinae）、

① 全球分类信息系统（Integrated Taxonomic Information System, ITIS）上的统计，蚁科下分20亚科、54族、358属，共有10213种与4515亚种。

拟家蚁亚科（Pseudomyrminae）、家蚁亚科（Myrmicinae）、琉璃蚁亚科（Dolichoderinae）、山蚁亚科（Formicinae）。

其中，只有家蚁亚科与山蚁亚科这两种，是栖息于整个地球，其他的全部都是栖息于热带或亚热带。而且，一般认为山蚁亚科是所有蚁科的共同祖先①。

进一步说，这些分类也跟更复杂的佛雷尔（A. Forel）或艾米利的分类一样，对蚂蚁学专家之外的人，是不太有用的。

蚂蚁与白蚁都是优秀的社会性昆虫，但蜜蜂与一般人相信的相反，它们只有例外的状况下，才过着社会生活。事实上，在10000种蜜蜂之中，只有500种过着社会生活。而与蜜蜂相反的是，我们从来没有发现过任何一种蚂蚁或白蚁，是过着单独生活的。

白蚁只发现在热带区域，相反的，蚂蚁除了北极或高山之外，它们入侵地球上所有可能栖息的地区。

从地质学上的数据显示来看，蚂蚁似乎比白蚁还晚出现，白蚁的祖先隶属于中生代的白垩纪，是当时还过着单独生活的动物，蟑螂的伙伴原生蟑螂（Protoblattoides），应该是生活在二叠纪，相当于古生代末期的上层部分。

二

在第三纪的地层沉积物中，发现了丰富、古老的蚂蚁化石

① 在今研究显示针蚁亚科是较原始的亚科类群，反而山蚁亚科则是较进化的。

标本。我们发现在第三纪早期始新世（Eocene）的一些较原始的蚂蚁标本，但是数量是较少的。相对的，在第三纪中后期的渐新世（Oligocene）或中新世（Miocene）地层沉积物中则有较多的蚂蚁标本，曾在波罗的海这个年代的琥珀标本中，就采集到的 11712 个蚂蚁标本。同样的，从中新世中期西西里的琥珀标本中，也发现了数百个蚂蚁化石标本。

但是，这里发生了难以了解的事情。因为与我们预料的相反，这些最古老的蚂蚁化石种类，与较晚期琥珀中发现的蚂蚁相比，并没有比较原始。即使这些晚期琥珀中的蚂蚁种类也经历了数百万年的岁月，可是，却跟现在的蚂蚁有着一样的进化特征分化。

“这些化石蚂蚁种类，”惠勒继续说：“已经知道要去拜访蚜虫。也就是说它们进行着取食共生（Trophobiotic）。在凯尼西堡搜藏的琥珀中，与蚜虫成为命运共同体的几只虹琉璃蚁属（Iridomymex goeperli）的工蚁，与许多被保护的蚜虫混杂在一起。从这里就可以明白当时有‘取食共生’的事实了，且非常明显的，在这琥珀标本中，蚂蚁与蚁客（Myrmecophiles）是在蚂蚁巢中。因为根据克雷普兹（R. Klebs）所做的琥珀中的鞘翅类名单中，记载着三种粗角步行虫科（Paussidae）的种类。但是，这种 Paussidae 与大角蚁冢虫科 Clavigeridae，对蚂蚁来讲，一样是很危险的寄生者，这些甲虫会使栖息在巢里的工蚁，变成像乙醚中毒者一样行动困难。”

但是，蚂蚁饲养家畜或寄生者，特别是抚养奢侈的鞘翅目种类，就像我们后面会提到的，显示出此时蚂蚁文明是处于巅峰。但是，这个现象可以引导出什么样的结论呢？

这些行为非常奇妙。例如，所谓进化，是非常暧昧的过程，也几乎无法证明的，所以要加以确认也很困难。另外，所谓的进化，有时只不过是一种幻想，而且，所有种类的生物，都有不同发展阶段的文明，同时发生，就像圣经里面说的一样，同一天被创造。结果，传说反而比科学还要接近真理。

顺便谈到，不管是在旧世界或新世界里面，都可以在地球各地发现蚂蚁或白蚁，它们的分布非常普遍。让我们更接近在圣经以前就存在的许多传说，圣经告诉我们，所有的文明都是从北方传下来的。而白蚁与蚂蚁的普遍性分布，显示着远古世界各个大陆都联结在一起，而南极陆桥（Antarctic bridge）有着与赤道一样热的气候。

不过，我们还不需要做如此危险的推论，理论上讲得极端一点，我们甚至可以主张，蚂蚁已存在很久，比所发现最古老的化石标本还要久远。说不定还可以追溯到前白垩纪（Precretacean），时间的流逝甚至让我们感到战栗，更久远的数亿年、数十亿年前，或是追溯到还具有高温与干燥两种特色的二叠纪（Permain）时代。可是，很遗憾的是没找到中生代以前的化石[①]。

更进一步说，也许可以提出以下的意见。所有的进化，都比我想象的还慢了数千倍。因此，假设所有的进化都是有目的的，可是，可能在目的达成以前，我们的地球就已经毁灭了。

不过，以惠勒为首的几位昆虫学者认为，可以明确地看见

① Grimaldi et al.（1997）于距今约一亿二千万年前上白垩纪的琥珀化石中，发现疑似最早的化石蚂蚁（雄蚁）。

进化的轨迹。他们认为，在环境变化的催促下，蚂蚁的生活形态，从它们一开始的穴居生活，转变成树上生活。

另外，关于它们的食性，它们从捕捉其他昆虫，只吃昆虫肉的昆虫食性，转变成饲养蚜虫，也就是变成畜牧生活，接着栽培真菌，转变成农业性以及植食性的生活。

这个进化过程，还没有确立到没有争议，而且，进化过程中的每一个阶段，在现今蚂蚁世界中也都还并存着。

但是，很不可思议的是，它们的发展由狩猎到畜牧、到农业，跟人类的进化过程很类似。而且，也符合孔德（Auguste Comte，法国哲学家）所说的人类史三阶段，也就是征服、防御、生产。

的确，在这里有奇妙的吻合。

三

蚂蚁社会的成员组成如下，首先是蚁后，负责产卵的雌蚁，大约可以产卵 12 年。接下来是无数的工蚁，没有雌雄的分别，不会像蜜蜂那样，遭到严酷的使用，它们的寿命约三至四年。然后是数百只雄蚁，它们五六个星期就会死，在昆虫的世界里面，雄性的牺牲是习以为常的。

除了没有性别的工蚁之外，只有雌蚁与雄蚁拥有翅膀，而且，婚飞之后翅膀就会脱落。

在蜜蜂或白蚁的社会中，只有一位女王，可是，在蚂蚁的社会中，只要司掌蚂蚁共和国命运的秘密会议认为需要多少，就会有多少产卵者。小的蚁冢里面，可能会有两只到三只的蚁后，大的蚂蚁巢，可能会有15只蚁后。几个巢联合在一起的蚂蚁家里面，数量就不一定了。

在这里，我们遇到了跟蜜蜂社会以及白蚁社会里面相同的重要问题。谁是控制整个都市的统治者？到底这个统治的头脑或精神，隐藏在哪里？它是如何建立起不会遭到大家议论的秩序呢？

蚂蚁在共同行动时，就像蜜蜂或白蚁的社会一样，维持着良好的秩序。而且，与蜜蜂或白蚁比较之下，蚂蚁的生活更加复杂，充满了无法预期的事件与冒险，所以，要维持秩序就更加困难了。

过去针对这个问题，除了我在《白蚁的生活》中提到的只字词组之外，就没有其他更详细的说明了。

也就是说，我们应该把蚁巢看成是一个个体，而且，组成这个个体的各个细胞，就有如组成我们身体约六十兆的细胞一样，不是密集的一块，而是分离的、散乱的、固形化的，每一个都呈现出独立的外观，只是每一个都服从中心的同一个法则。

这里有一幅会让我们有所期待的光景，我们预期有一天可以在这里发现到，我们茫然不解的电磁气、以太或是心灵等作用的关联。

四

若是更详细的检讨下去，我们六十兆的细胞，虽然被关在我们的身体里面，可是，事实上就跟散落在巢外的数千只蜜蜂或白蚁、蚂蚁一样，是四处散落的。

我们每个细胞的距离大小，与构成细胞的电子的大小成比例。与宇宙间天体间的距离，一样的大。无限少相当于无限大，就如惠勒非常正确的意见："如果人类的身体，电子之间接触得越多，就可以压缩得越紧密，人体就会变成不超过几厘米立方的容积吧！这种压缩或说浓缩，并非不可能。因为大自然在被称为'白色矮星'的这颗星球上，特别是在天狼星的那颗神秘卫星上，已经实现了这种压缩。在这里，水若保持液体状态的话，1 升水的重量，是 50000 千克。"

如果拿前面的细胞来举例的话，后面要谈到的事实，也就很容易说明了。几个巢联合起来的巨大聚落中，工蚁也会拥有令人惊讶的正确度，它们知道巢里需要的产卵雌蚁数量。

或者用"感觉到"会比较容易说明。我们感到饥饿或口渴的时候，我们身体的细胞联盟，会产生一种类似的现象。联盟的饥饿或饥渴会操控一切，我们所有的细胞都会同时有饥饿或饥渴的感觉，并且向可以对外界工作的细胞下令，让它们采取必要的手段，满足全体的饥渴。等这些细胞满足之后，就会再度下令，停止这项工作。

这种对比，一点都不牵强。我们只不过是一个集团性的存在，一个社会性细胞的聚落，但是，我们生存的基础，在这个有机生活中，极端复杂的活动，是由谁来下令、统治、整合、协调呢?

我们完全不知道。有机生命体，就是存在的基础。有如意识的、知性的生活，后面我会再提到的，只不过是微不足道，昙花一现的现象。

我们的眼睛看不到我们本身的秘密，也无法了解。既然如此，我们又如何看穿潜藏在社会性昆虫的聚落里，类似的大秘密呢？

五

首先，我们可以确定是有一种一丝不乱的生活，在引领着蚂蚁社会的命运。不过，在这种极端的集体性运动中，也会出现几个个人性的活动，以辅助全体运动，并且影响着全体运动的盛衰。

就跟我们的历史一样，其中可以看到必然的，某种自由的存在。要了解这一点，只要观察它们的劳动就够了。

在这里我将借用由贝尔的叙述，在这方面，没有人比他优秀，而且，往后也必须常常提到他的描述。

“蚂蚁的精神中，产生了一个思想，并且借由它们的行动，实现这个思想，特别是当蚂蚁要开始某种事业的时候。例如，一只蚂蚁发现了两束彼此交叉在一起的草，这种草似乎可以用来制作房间或是可以作为形成房间架构的小梁柱的时候，那只蚂蚁就会开始检查整束草的各个部分，以极为敏捷、巧妙的方式，将少量的土，沿着树干，放在缝隙中。它会从各地选取适当的材料，偶尔也会毫不在意的，从别只蚂蚁手上的工作物中，抢走材料。因为它是如此专注在自己的工作上，只想完成自己的工作。一直到其他的蚂蚁注意到之前，它都不会停止。”

“在蚂蚁巢的其他地方，散置着好几个麦秆碎片，正好适合当房子的骨架。一只工蚁想到要利用这些麦秆，如果将这些水平散置在小空间里的碎片，互相交叉的话，就可以形成细长的平行四边形。想出好主意又勤劳的蚂蚁，首先沿着骨架的角落，以及形成角落的梁，放置少量的土。接下来，这只工蚁会把这些材料交互排放，建造出几个隔间。结果，整理出一个很有房子形状的房子。这时候，工蚁会注意到，可以利用其他的草，来支撑垂直的墙壁，也把这些草放在房子的地基上。这时候，路过的其他蚂蚁，会努力一起完成第一只蚂蚁开始的工作。”

六

我们观察了许多蚂蚁搬运一片草，或是切得小小的搬进狭窄的巢里面，或是横渡水洼的情景。就我们可以了解的范围内，这些情景都是不断地重复着。当然，我们还没看到的部分，一定更多。

一种想法，只有在觉得这种想法是好的时候才会被采用。不是事先有了腹案，也没有自然产生的助力，直接面对在现场的事业，当场判断、评估。这就跟只知道房子整体设计的概略，就开始建造房子的人类一样。

事关蚂蚁社会命运的决定，例如要放弃蚁巢或者是搬迁，这时候特别是混合寄生蚁巢（也就是有主人与奴隶的巢），或是知能与习惯完全不同的两个种类，在必须互助合作的巢里面，让人对它们可以做的决定，更感到有兴趣。

例如，亚马孙蚁的仆人（Glebariae）会发现房子太过狭窄而有所不安。那是因为这些仆人所照顾与喂食的主人，除了去战争之外，对任何事情都漫不经心，所以，仆人们对狭窄感到的不便，才会这么敏感。

这时候，这些仆人兼主妇的其中一只蚂蚁，到附近去探险，找到了大的空巢。当它判断这个巢比原来的巢还舒服，或是位置比较好，这只蚂蚁就会用触角，将这件事情转告给两三只蚂蚁同伴，几近强制性的，邀请它们来到这个比较好的巢来，告知优点。

如果它们同意的话，这一次就换它们前往招募赞成者。于是，虽然它们是少数，可是，会因为这些活跃的少数者而决定搬迁。

首先，要让主人，也就是要让战士蚂蚁搬迁，就是个问题。它们会商量吗？似乎不会。不管怎么样，奴隶们各轻咬着一只主人，带到新住所。那里会有别的奴隶来迎接主人，带主人前往地下室。接着开始忙碌地搬运卵、幼虫、蛹。

有时候，聚落的一部分会拒绝搬迁，这时候就会勉强把它们拉去。在搬迁者之中，也会有人无法抛弃原来的巢，离开团体回到旧巢。

这些事实绝非加上想象，并且给予拟人化说出来的。这是经过好几次的实际验证，不怕辛苦的人，可以实地检查一次。

这也显示出，蚂蚁社会中神秘的意见一致，或是先天性的了解之中，也有某种程度的限制。它们意见最一致的事情，是工作的分配，部落繁荣最需要的雄性与雌性的数量评估，以及其他主要的状况。但是，这种了解真的是无意识的，纯粹只是一种本能吗？

我们只能坦白承认，对这件事情，我们一无所知。我们没有出席蚂蚁的评议会议，我们几乎不知道，在蚁巢深处发生了什么事情。所以，我们的解释与理解，就不一定是对的。

最多我们只能说，蚂蚁与我们一样，飘荡在受到命运控制的本能，以及可以改变命运曲线的智能之间。

可是，智能一出现在这个世界上，就注意到危险，指出本能不知道的困难。相对的，智能会远远避开用本能无法避开的困难。蚂蚁行进的方向与人类一样，因此，蚂蚁了解人类的危险与误解。

蚂蚁跟我们一样，受到未知的命运控制，可是，也跟我们一样，可以在有限的狭窄范围内活动。这个内部活动真的可以改变范围外的流动吗？要了解这一点之前，就要知道更多的事情才行。

七

基于蚂蚁社会的共同形态，所形成的统治形态，究竟应该给一个什么样的名字呢？如果以人类的政治形态来比喻，哪一个比较适用呢？

只不过是单纯的，反射性的共和国吗？可是，如果是那种共和国的话，应该只能走向灭亡了。

或者是最近大家提到的，所谓的“有组织的无政府”，或是“共同集团”呢？到底谁来告诉我们，这些名词的意义呢？除了没什么缘分的神权政治或君主政治之外，只剩下民主政治、寡头政治，甚至是贵族政治、长老政治。

看到蚂蚁工作的时候，它们看起来就像是熟练的劳工。无法将领导者与其他蚂蚁区别开来，它们没穿制服，也没有带着有羽毛的帽子。可是，毫无怀疑，其他的同伴承认它们，乐于听命于它们。它们是经验丰富的老手吗？或者是具有天分的年轻指导者吗？

它们的命令应该说是协调，它们常常必须说明理由，解释优点。它们的说服，战胜了权威。

在本能这个不会动摇的基础上，睿智可以取得暂时的统治。不要忘了，蚁巢里面，这一切都是在意见一致与爱的象征之下进行的。而且，这份爱不是对某个人的爱，是我们人类比不上的纯洁之爱，这份爱使蚂蚁帝国变得非常强大。

皮耶·由贝尔已经预感到这些状况了。

“共和国中，值得称颂、和谐的伟大神秘，拥有的并不是人类所想的那种复杂的机械主义，而是蚂蚁们彼此的爱。”他说。

就像我后面会提到的，这种互相之爱是从非常特殊的器官中产生，其功能包含蚂蚁社会的所有心理、伦理。

艾斯皮那斯（A. Espinas）提出以下极为正确的意见，以补充皮耶·由贝尔的看法：“我认为这种神秘，是对幼虫的共通爱情。还有一点，（不只是目的，也需要显示出方法）膜翅类的各个个体，拥有些许的知性，根据模仿与集积的法则加以扩大，我认为也是一种神秘。”

事实上，与我们在人类集团中看到的刚好相反，在社会性昆虫中，集团性、累积性的智能，与构成这个社会的细胞数量，正好成正比。因为，密集度高的种或集团，大致上来讲，更能拟订计划，也更会多下功夫，并且更文明化。

不管是皮耶·由贝尔的“互相之爱”或艾斯皮那斯的“对幼虫共通的爱情”，我认为都是非常接近真理的。在这里，有一个我们以前完全不知道的理想共和国、母系的共和国。它们虽然是处女，可是，它们体内燃烧的炽热母爱，比生母还要深。

不管在大自然界中，任何地方去寻找，都找不到比它们更伟大的母爱。母鸡虽然会保护小鸡不受敌人侵袭，可是，它的爱还没有扩及卵。如果你够残忍、够勇敢，把保护茧的工蚁肚子扭下来，甚至还把它两根后脚切掉试试看。工蚁会用剩下的四只脚，一边拖着幼儿（它的生命力，不输给它的爱，令人惊异），一边前进。它不会离开茧，在把关系着未来的幼虫或蛹移送到安全的地方之前，它都不会死。

在这种英雄式母权制中，就好像全体都团结一心一样，好像每个个体都担负着全体的命运似的，固执地完成它的义务。

它们的意识与幸福的重心，与我们不一样，重心也不在于领导者个人身上，而是在每一个角落。就像一个活跃的细胞一样，个人负担一个部分，在整体里面活动着。结果，蚂蚁的政府比人类可能实现的任何一个政府都还优秀。

第二章　蚁巢的神秘

蚂蚁轻率的善意，是最容易骗到手的。即使是在激战中，有的甚至无法拒绝饥饿的敌人提出的要求。它们基于蚂蚁的骑士精神，施恩与敌人，等敌人补给完之后，再重新开始战斗。

一

从起源可以远溯到史前时代的《伊索寓言》，一直到拉封丹（Jean de la Fontaine）的寓言故事，蚂蚁是一直受到毁谤的昆虫。

不知道为什么，蝉总是被装饰着许多的美德，相反的，蚂蚁总是强烈的欲望、嫉妒、吝啬、小气、充满恶意的象征。蝉是穿戴着美丽翅膀，受到大家奉承的大艺术家，可是，蚂蚁却代表着小资产阶级、爱钱的人、小员工、生活在连卫生设备都没有的小都市巷子里的小商人。

越是与蚂蚁类似的人，就越是看不起蚂蚁。要让蚂蚁获得正确的评价，恢复蚂蚁的名声，就必须等待伟大蚂蚁学者们的研究了。其中最重要的人物，就是皮耶·由贝尔。

到了今天，已经毫无疑问地证明了，在这个地球上，蚂蚁是最高贵、最慈悲、最宽容，并且具有奉献自己、爱他精神的生物。但是，这不是蚂蚁的功劳。就像我们没有权利认为，在这个行星上，所有智能的各种现象，都是因为我们人类的功劳一样。

人类拥有的优点，是大自然赋予的，经由可怕而进化的器官而来。同样的，蚂蚁也是经由大自然的反复无常、创意、经验或是奇想，赋予了特别而异种的器官，才使蚂蚁保持前面提到的种种美德。

实际上，在蚂蚁消化道进入腹部的地方，有一个被命名为社会胃或嗉囊的独特袋子。这个袋子为我们说明了大部分有关蚂蚁的心理、道德以及命运。因此，要继续谈下去以前，我们必须先仔细研究这个袋子。

这个袋子不是胃袋，上面没有任何一条消化腺来消化食物，而是直接把食物储存在嗉囊里。

它们或刺，或捕捉饵或敌人，或切开，或切断，或砍头。它们拥有让敌人痛苦的尖锐大颚，可是，并没有可以咬碎食物的牙齿。所以，它们的食物几乎都是液体，也就是说，是一种甘露。

这个袋子是共同体专用的皮革袋。这个皮革袋与个体专用的胃袋，被巧妙地区分开来。保存在皮革袋里面的食物，经过几天之后，也就是说，当饥饿感觉扩散到全体之后，就会到达个体的胃袋。

这个皮革袋富有令人惊讶的弹性，占腹部的五分之四，大于其他的器官。分布于美国与墨西哥的几种蚂蚁，特别是蜜瓶家蚁属的其中一种（下花圃蜜瓶家蚁，Myrmecocystus hortusdeorum），它们的皮革袋异常的膨胀着，会大到比普通腹部还大 8 倍或 10 倍的瓶子状。这种蚂蚁瓶的功能，是让蚂蚁能够在都市中生存下去的储藏库。

它们是无法再看到阳光的志愿囚犯，它们用前脚紧抓住巢的天花板，紧紧排成一列挂着，外观就像排列得很整齐的酒窖一样。其他的蚂蚁会来这里，将它们在外面采到的蜜吐出来储存在这些蚂蚁瓶中，或者是相反的来要求蚂蚁瓶反刍吐出蜜来。

“反刍（regurgitation）”这个词，会让人联想到消化不良，或是牛的反刍，让人感到不太舒服。其实是完全不同的，对蚂蚁学者来讲，这两个字是很重要的术语。

虽然有点被滥用了，觉得很讨厌，不过，“反刍”这个词，在蚂蚁社会里是不可或缺的基本行为，蚂蚁社会的生活、美德、道德、政治，一切都是从这里产生的。就像我们使用我们的脑，可以将地球上的生物作一些区分，是一样的本能。

二

寓言中提到“蚂蚁不会快乐地出借物品”。蚂蚁是绝对不借东西出去的，因为“借出”是一种贪欲的行为。蚂蚁会毫无限制地给予，绝对不要求归还，甚至不会占有自己体内的任何东西。它们几乎连食欲都没有。

它们靠着不知名的东西，空气或是散乱的电气，或是靠着蒸汽生活。尝试将它们放进石膏做的人工巢里面，让它们绝食数周，只要小心保持些微的湿气，蚂蚁的表现一点痛苦都没有，它们的表现与粮仓满满的时候一样，很有精神、很认真地工作着。

只要有一滴露水，蚂蚁特殊的胃袋就会被填满。它们不会回顾生命的危险，它们不断收集想要的东西，顺着共同的胃袋、社会胃的命运而行，把所有东西都给了卵，给了幼虫，给了蛹，给了同伴，甚至给了敌人。

蚂蚁就是慈善机构。禁欲、贞洁、纯洁、中性、忍耐力强的劳动者，蚂蚁不会留下它们辛苦的成果，它们唯一的快乐，就是将成果提供给想要的人。就有如我们在品尝佳肴美酒一样，对它们来讲，反刍一定也是极为甜美的行为。

那是一种与恋爱很类似的快乐感觉，而蚂蚁是被禁止恋爱的。因此把反刍这种行为，看成是大自然的赠予，应该不会错吧！

就像佛雷尔说的，蚂蚁反刍的时候，会把触角往后方拉，表现出忘我的状态。很明显的，当它在反刍的时候，品尝到的快乐，比充满了蜜时更多。而且，在蚁冢里面，反刍是日常惯例的工作，除了劳动、照顾子孙、睡眠，以及战争之外，反刍这个动作都不曾中断。

它们的社会胃被蜜充满膨胀到快破掉时候，其中一滴会直接流入个人的胃袋吗？

某一种战争专家，特别是红悍山蚁（Polyergus rufescens），也就是皮耶·由贝尔说的亚马孙蚁，若没有反刍奴隶的帮忙，它们就无法摄取营养，甚至会在蜜池中饿死。

对蚂蚁来讲，用嘴巴喂食，不停止的营养给予，是一种很普通的、很一般的给养形态。

为了确定这件事情，我们把数滴蜂蜜染成蓝色，送给一只身体呈半透明的黄色小蚂蚁。结果，它的肚子立刻涨得圆圆的，并且带着蓝色。它挺着变重的肚子回到巢里，五六只肚子饿的蚂蚁，被蜜的香气吸引而来，开始不断用触角抚摸它，第一只蚂蚁立刻满足它的同伴们。然后，大家的肚子都变蓝了。

它们一接受完之后，立刻有别的蚂蚁被香气吸引，从地下出来，向它们要求。于是，按照顺序分出去，一直到全体都分到。将自己拥有的东西，全部给别人的那只最初施恩者，现在已经变得很轻快，踩着轻松的步伐离开了。

三

蚂蚁施恩的对象，不止是对自己的同胞。即使是不太相同的种族，或是认定不是可恨的敌人，只要是守卫准许进入蚁巢的，任何昆虫都可以。有时候甚至是有害的寄食者，善良的蚂蚁对它们睁一只眼闭一只眼，只要它们笼络赠予者的手段高明，有技巧地加以爱抚的话，就可以得到它们想要的东西。

蚂蚁轻率的善意，是最容易骗到手的。即使是在激战中，有的甚至无法拒绝饥饿的敌人提出的要求。它们基于蚂蚁的骑士精神，施恩与敌人，等敌人补给完之后，再重新开始战斗。

善意经常超过限度，有时候会导致聚落瓦解。

例如，桑吉博士（Dr. F. Santschi）用来做研究，突尼西亚产的寄生性蚂蚁（惠勒家蚁属 Wheeleriella[①]），会潜入单家蚁属其中一种莎乐美单家蚁（Monomorium salomonis）的蚁巢中。

它一开始会受到相当冷酷的待遇，但是渐渐的，爱抚产生了效果，获得工蚁们的宠爱。然后，这些工蚁们会变得比较喜

① 现今的分类体系惠勒家蚁属（Wheeleriella）被认为是单家蚁属（Monomorium）的同物异名，目前已经被并入单家蚁中。

欢这些侵入者，比较不喜欢自己的女王。它们追逐着这些勇敢冒险者的魅力，最后原来的女王敌不过入侵者，遭到虐待与抛弃。

然后，入侵者开始产卵，入侵者的种族先天就不用工作，它的本能就是寄生，它只要不断繁殖就好了。心地太过善良，对人太好，勤劳的原住民工蚁的族群，就会渐渐消灭，由入侵者的族群完全取代。

这是最悲惨的时刻，饥饿与死亡来临。这一次，寄生者将因为自己过于完美的占领而牺牲，最后会全部毁灭。

这只不过是昆虫世界里，特有的无法解释的愚蠢行为吗？人类不也陷入了类似的、愚蠢的迷宫里吗？

这岂不是意义深远，“本能”的真实例子吗？高度文明化的人类，也同样拥有因为知性、感情、策略的介入，而常犯下致命错误的本能。

但是，过去的解释，会不会太过人性了呢？经由触角的爱抚，会不会只是类似单纯的性的条件反射，所引起的无意识的反应呢？

这个疑问很有可能是对的，但是，如果这样解释的话，那么人类大部分的行为，也可以得到相同的结论吧？

就因为怕过于拟人化，因此把一切都归于机械、化学，这种做法应该要有所节制。不管面对什么样的理论，生命都会带来令人无法预料的否定。当然，虽然面对要求的蚂蚁，有时候也会拒绝爱抚，驱逐入侵者，可是，我们不应该下结论说，这是支离破碎，毫无意义的行为。如果就这样下结论的话，究竟我们的行为或美德中，还剩下什么呢？

不管如何解释，这些事实都是蚂蚁学者确实的说法。蚂蚁与白蚁不同，它们遍布整个地面、我们的房子，所到之处都有蚂蚁的踪影，所以，要研究蚂蚁，比白蚁容易多了。只要想要研究，任何人都可以去确认这些事情。

四

文明的进展比其他昆虫显著的蚂蚁、白蚁与蜜蜂，虽然不是完全相同，但是，很不可思议的是，已经确认这三种昆虫，都具备类似作用的社会化的器官（社会性胃）。

蜜蜂借由胃的反刍，来养育蛹或女王蜂。巢里的蜜，就是经由反刍，累积整个蜂巢共有的花蜜。白蚁的利他器官，与其说是胃，不如说是整个腹部都是。

这三种昆虫，其利他器官完备的程度与文明的程度之间，具有某种关系吧？我们不了解是什么关系，但是，勉强要比较的话，第一名是蚂蚁，第二名是白蚁。而蜜蜂虽然过着灿烂的生活，用蜜蜡盖出来的建筑深受好评，但是，蜜蜂的文明是最后一名。

如果人类也有相同的器官，如果人类除了牺牲自己、希望别人获得幸福之外，就再也没有其他生存的理由、理想或担心的话，只为了邻居而工作的人类，到底会变成什么样子呢？牺牲自己的一切，是唯一的快乐、无上的幸福，是过去在床上才能找到的短暂快乐，那么会怎么样呢？

可是，事实上，很不幸的是，我们是正好相反的生物。人类是没有拥有社会化器官的唯一一种社会动物。人类之所以只能成为人工的、暂时的社会主义者或共产主义者，原因就在这里吧？

蚂蚁天生就是绕着圆心转的，但是我们相反，我们是以自我中心在生活的。轴心的旋转方向不一样，我们必然的、有机的、宿命的是个自我主义者。给予，会破坏我们的生命法则，背叛我们自己。所谓的美德行为，只是我们想要脱离这个法则所做的努力。

蚂蚁则相反，自我牺牲与对别人的奉献，只是遵从自然的倾向。拒绝其他个体的要求是违背自己的，是违反本能的利他主义。人类与蚂蚁的基本伦理是颠倒的。

我们人类也有某种利他器官，不过，跟蚂蚁是完全不同的事情了。在我们的精神或心中，拥有利他器官，但是，却因为没有幻化成血肉的一部分，所以没有效果。有如进化论者所相信的，灵魂或精神不断要求的这个器官，最后会创设出肉体性的器官。

这并不是不可能，在大自然中，历经几世纪、几千年的时间的作用，有时候会出现无法预期的变化。可是，这里所谓的变化，要看到变化的状态以前，要花费的时间，会比达到我们今天的状况所花的时间更多吧！

宗教的存在，是一种社会的、爱他器官的萌芽，宗教应许我们，在其他的世界里面，我们会得到蚂蚁在这个世界感受到的那种快乐。可是，现在我们连宗教都要排除掉，然后，只剩下个人的、自我的器官，只剩下知识。这分知性，有一天也会超越自我，打破自我的壳吧！那一刻到底是什么时候呢？只有神知道了。

另外，不要忘了，即使是如此慈悲善良、过着如此无限的共同生活的蚂蚁，也不能免于战争。但是，蚂蚁的战争少到我们无法想象，也不残酷，这也是事实。

第三章 都市的建设

幼虫用显微镜看，外观非常像人类，像得让人觉得很诡异。看起来有点像戴着黄金面具，放在枫树棺木中的埃及木乃伊，或者是极小的人，或者是大自然正在犹豫，要不要把它变成昆虫？

一

蚂蚁社会的统治与秩序，比蜜蜂更平衡、更安定。每一年，有时候一年会发生好几次，事关蚂蚁王朝或结婚的骚动，有时候会使它们的社会财产与将来，陷入危机中。白蚁也是，它们婚飞的时候，会死掉好几千个新郎，对共同的生活产生威胁，常常成为城被攻陷的原因。

蚂蚁世界的婚飞情景，不太热闹，雌与雄只见一次面就交尾，更加经济。在昆虫世界中，这算是很朴素的婚礼，但是，婚礼当天，周围所有的蚁冢都会不断地庆祝，新娘们会在蚁巢的上空，表现出类似兴奋不安的沸腾状态。在蚁巢中，就好像在鼓励它们，或是跟它们道别似的，夹杂着兴奋与不安的工蚁们，会来到巢的外面陪伴新娘，尽可能地飞到很远的地方。然后，目送不可能再见的雌蚁离开。

对蚂蚁而言，爱情就跟白蚁婚飞的情况一样，总是意味着死亡，其结果就连一只雄蚁都不可能活下来。

朝着天空飞去的数千只处女蚂蚁之中，最多只有两三只能够完成它们的天职，品尝到后面要叙述的那种悲惨情节。

而且，戒备森严的警察组织，会监视蚂蚁巢入口的周围，防止所有的雌蚁全部飞走。因为如果都市里面，完全没有年轻的母亲，那么都市的未来就会有危险了。

我不知道是什么样的命运在下达命令，不过，在聚落的圆天花板下，警官会用力抓住年轻母亲的脚，留住年轻母亲。然后，拔掉它们的翅膀，拉进地下室，它们就这样遭到囚禁。

维持国家不可或缺的雌蚁数量，到底是谁数出来的呢？

二

第一个注意到这场朴素婚礼的人，是雷欧米尔（R. A. Reaumur）。他发现这个情景，巧妙精彩地描写下来。以下要引用的这段文章，在过去一直都只是手稿，一直遭到埋没，没有发表出来，过去的评价也不高，一直到最近，才终于在美国发表。

1931 年 9 月初，前往路普瓦图（Poitou）途中，我来到杜尔（Tours）附近的罗亚尔（Loire）河堤。周围的美景与一天暑气离去后舒服的空气，引诱着我从马车上下来，我打算去散步。当时，大约再过一个小时，太阳就会沉到地平线下了。

散步途中在通往蚁冢的入口处，我看到有无数个砂土小山。当时，好几只蚂蚁来到洞穴外面，这些蚂蚁不是红色的，应该说是茶褐色的，普通的大小。我停止行走，观察起两三座这种小山。我这才发现，每一座小山，在无翅蚂蚁之间，都混杂着大小明显不同的有翅蚂蚁。它们不像无翅蚂蚁那么大，从外观来看，一定比其他蚂蚁重上两三倍。

我愉快地在这条美丽的河堤上走着，隔一小段路，就会有好几群虫子，一点一点地飘到空中来，一边盘旋，一般迅速地飞着。看起来就像蚊子或苍蝇在飞一样。有时候，像小片云的虫群，会降到伸手可及的高度。我用一只手，数度想要抓住这种虫。

当我看到我手上抓到的东西时，毫无困难就知道那是什么东西了。那就是每隔一步，就可以在土丘上找到的有翅蚂蚁。

我要先说一个简单而重要的事情，那就是我抓到的，一定都是一对的。而且，一只比较大，另一只比较小，我抓到的是正在交配中的。然后，它们在我手上停留一段时间。就跟在普通的苍蝇身上看到的一样，雄蚁在雌蚁上面交配着。小小的雄蚁就在身形较大的雌蚁身上，双方非常紧密地连接着，所以，要用力才能把它们拉开。

小雄蚁的身体，还不到雌蚁的一半，甚至无法覆盖住雌蚁的下半身。一按大雌蚁的身体，就会流出一串卵。

三

一只雌蚁会有五六只雄蚁丈夫，它们会随着雌蚁飞到空中，一个接一个交配。交配一结束，雄蚁会掉落到地面，几个小时后就死了。交尾后的雌蚁会落到地面上，躲在草地里，找一个家，卸下四片翅膀。就像婚礼后脱掉的新娘衣一样，翅膀会掉在它的脚下。它会以脚清洗胸部，开始挖掘地面，关进地下室，要建设新的聚落。

新聚落的建设，大部分都是失败的。在蚂蚁的生活中，这是非常悲壮、凄美的故事之一。

想要成为众人母亲的蚂蚁，潜入土中，关进狭窄的牢狱里。粮食就只有在它身体里面的东西。也就是说，只有储存在“社会胃”中少许的甘露、它自己的肉——肌肉、特别是已经牺牲了的翅膀——用来飞行强而有力的翅肌。这些都会丝毫不浪费地被分解吸收掉。

只有雨水带来的些微湿气与来路不明诡异的臭味，会进入它的坟场里。它忍耐着，等待着秘密事业完成。

终于，几个卵出现在它周围，接着，其中一个卵里面出现幼虫，而后会织茧。接下来，其他的卵里面也生出两三只幼虫。谁来养这些幼虫呢？除了母亲之外，没有别人了吧！因为除了湿气进得来之外，没有任何东西会进入这个密室。只要关在这里五六个月，蚂蚁就会瘦得只剩下皮包骨。这时候，可怕的悲剧就要开始了。

只要一个简单的攻击，就会把为了未来，好不容易准备好的一切都毁了。它面临着死亡，于是，决定吃掉一两个卵，这样才能得到再生三个或四个卵的力气。然后，它又放弃了一只幼虫，吃起了幼虫。接着，我们不了解的物质作用，使它养育起其他两只幼虫。于是，一边杀婴，一边分娩，分娩完又杀婴，前进三步，又后退两步。但是，确实战胜了死亡。

惨痛的悲剧甚至会持续一整年，然后，因为从卵的时期就营养不良了，所以会生出两三只虚弱的工蚁。与其说是“和平”，不如说它们是突破了“痛苦”之墙，第一次到外面寻找粮食，把粮食送到母亲那里。

从这时候开始，母亲停止照顾的工作，开始不分昼夜专心产卵直到死亡。悲惨的时代，度过了痛苦时期，长期的饥饿，换来了繁荣与富足的时代。密室扩张，变成了都市，每一年都市都会在地下扩张。在这个时候，大自然为这一场残酷而难以解释的游戏打上休止符，这样的道德观与目的，是超乎我们所能理解的。

关于遗传与天生观念，可以提出与创世有关联、很有意思的看法。在婚飞前，绝对不外出，也不参加蚁巢工作的雌蚁，一进入任何人都无法入侵的墓中（新蚁巢中），不需要学习，就精通所有的工作。

它挖掘地面，建造居所，照顾卵或幼虫，养育它们，打开蛹的壳。也就是说，它们没有拥有像工蚁那样完备的技能，可是，它们也能完成它们要做的所有工作。

这会不会正是我前面提到过的，是一种都市的普遍性集体精神呢？构成都市的各个细胞，即使离开都市的时候，都可以独立撑起，就有如只有一个生物的生活一样，超越时空，继续共同的生活，并且要求一直生存下去，直到地球毁灭的那一天？

四

我们现在目击了蚂蚁巢真正的诞生。第一个研究清楚的人，是皮耶·由贝尔。在他的观察之后，又有许多研究。然而，让研究蚂蚁群落的形成变得更加完整的，是拉伯克（Sir John Lubbock）、麦克库克（H. McCook）、普雷西曼（F. Blechmann）等人，他们观察红蚂蚁以及分布于热带的巨山蚁属（Camponotus）种类；珍纳（C. Janet）描述过毛山蚁属（Lasius）种类、皮耶隆（H. Piéron）观察收割家蚁属（Messor）、佛雷尔研究木害巨山蚁（Camponotus ligniperda）、辛佩尔（Simpel）则是研究黄毛山蚁（Lasius flavus）。任何人都可以反复实验、验证。

在我家，蚂蚁繁殖的夏季晚上，因为雌蚁比雄蚁大很多，所以很容易区分出来，我收集了十二三只的雌蚁。然后，把这些雌蚁放进装满了加上湿气的泥土箱子里面。可是，第一次，要做好失败的心理准备。因为有时候，雌蚁是还没受精的处女，有时候也因为我们缺乏更多的忍耐，与对这些雌蚁的照顾，而招致失败。

它们在肉体与精神上，接近异常的多态现象，以及它们对不熟悉环境的惊人适应能力，使它们在建设都市时，也有各种不同的方法。例如，迷山蚁属（Raptiformica①）以及它的亲戚暗褐山蚁（Formica fusca②），只要将它们放逐离开它们的住所，它们就会开始经营自己的都市。另外，也会有两三种不同种族的蚂蚁，共同合作过生活。

这样的行为是以收养、结盟、强占、自愿或是无耻或隐秘

---

① 现今的分类体系被认为迷山蚁属 Raptiformica 是山蚁属 Formica 的同物异名，目前已经被并入山蚁属中。

② 原文中暗褐山蚁 Formica fusca 的学名为 Serviformica fusca，隶属于奴隶山蚁属 Serviformica，现今的分类体系被认为是奴隶山蚁属是山蚁属 Formica 的同物异名，目前已经被并入山蚁属中，因此暗褐山蚁的学名也一并变更。

的寄生等行为模式所形成的。

亚左掠夺家蚁（Harpagoxenus sublaevis）便是以巧妙的寄生方式生存。这种蚂蚁有着外形类似工蚁的无翅雌蚁（Ergatogynes），这种无翅雌蚁，全身包裹着一层几丁质盔甲，强行闯入爱好和平的蚂蚁种族的蚁巢中，然后把里面的居民全部赶出去，它们养育着剩下来的幼虫与蛹，作为自己即将出生的孩子们的奶妈。

有一种南非产的寡妇卡巴家蚁（Carebara vidua）的生殖雌蚁，用很巧妙的方法，解决了蚁后和工蚁在体型上的差异，这一个恼人的问题。它们的蚁后与工蚁外形上是有点相似但蚁后拥有巨大身体，体型大小上比工蚁大上三四千倍。蚁后若再用华丽的翅膀装饰着身体，把它与工蚁并列站在一起的时候，会让人想到在罗浮宫美术馆，看到的那一尊萨摩特拉司的胜利女神，耸立俯瞰着一起展示的象牙小人像。

蚁后与工蚁体型上差异如此多的现象，竟是从几乎同一个形状的卵里面生出来的，令人难以相信。这里多态的神秘，就像我们在蜜蜂身上看到的一样，原则上这似乎不是只因为营养制度的差异而已。

不管怎么样，巨大的蚁后要养育比它小几千倍的小孩，就好像鸵鸟无法照顾蜂鸟的幼鸟一样，是不可能的。因此，蚁后在婚飞的时候，会拉着十二三只瞎眼工蚁抓附在蚁后的脚毛上一起婚飞。这样这些工蚁便可以照顾它的卵、幼虫、蛹，以及做家事。

到底是谁在指挥这些工蚁，谁做决定，谁让它们尝试如此戏剧性的冒险呢？说到这里，我们好像透过小小的缝隙，偷窥到一个我们绝对不会遇见的世界，不管我们做的梦有多奇怪，都不可能梦到这样的世界。可是，我们还是必须承认，这类不合常识的怪异、畸形、令人惊讶的现象，确实存在于大自然中。但我们也不得不佩服，这些物种却能巧妙地利用那些牺牲的伙伴。

五

谈到卵、幼虫或蛹，我想谈谈以下的问题。在夏季晴朗的日子，试着弄垮蚁冢，在砂子或松叶的下面，会出现无数类似小麦、黑麦或米粒似的东西。我想任何人都会以为，那些东西是卵吧！

可是，这些不是卵，蚂蚁的卵非常小，几乎被我们的视线所忽略。因此，这些工蚁表现出忙碌而兴奋的状态，聚集的这些小麦粒似的东西，其实这是从小小的卵里面生出来的幼虫。

用显微镜看，外观非常像人类，像得让人觉得很诡异。看起来有点像戴着黄金面具，放在枫树棺木中的埃及木乃伊，或者是极小的人。或者是大自然正在犹豫，要不要把它变成昆虫？看起来就像小心包裹着尿布、带着头巾、加上乳房，脸上浮现冷笑的婴儿。

这些幼虫有的赤裸着，全身缩成一团，有的还蜷缩在茧里，有的在茧里面变形成蛹。它们会靠自己或在工蚁的帮忙下，离开茧到外面来，然后变为成蚁。当它们还在卵里面的时候，或是从它们是幼虫的时候开始，不知道是由谁决定的，总之是经由被规定好的性别，有的变成雄蚁、有的变成雌蚁，有的变成中性。[①]

光是从寿命这一点来看，这三种性别的蚂蚁，命运就有很大的不同。雄蚁在婚飞后立刻死亡，工蚁必须暴露在户外各种危险之中，疲劳劳动，最多只能活五至六年。

相对的，借由唯一一个组织严密，可以持续观察的人工蚁巢，我们确认了一些事情。蚁后可以活十五年以上。而且，决定有关生殖个体数量的宿命问题上，在蜜蜂社会中，是借由食物营养与巢室大小来决定这三种性别，在白蚁社会中，则只靠食物营养来左右数量。可是，目前我们还不了解蚂蚁是用什么来调节数量的。[②]

是谁在控制宿命？谁会预知及计算要繁殖多少工蚁、生殖雌蚁与雄蚁能使蚁巢兴盛？是谁计算这些数量呢？到底是谁算出可以取得平衡的比例？是谁决定的？我们对此一无所知。

就像是谁在支配天上的众星，操纵它们的运行与平衡呢？我们也一样一无所知，而且大概永远不可能知道。因为，我们抬头仰望看到的极大世界，与我们低头看到的极小世界，都存

---

① 现今研究发现蚂蚁的性别是由染色体套数来决定的。人类的男女是由性染色体（XY）的比例来决定，所以性染色体 XY 为男生而 XX 则为女生。但蚂蚁的染色体中并无性染色体，而决定性别的方法在于染色体的套数。染色体双套的个体为雌性，单套则为雄性，而染色体的单双套则是决定于受精与否。受精卵发育成雌蚁，而未受精卵则发育为雄虫。而所谓中性也就是指没有生殖能力的工蚁，实际上是雌性，有双套染色体，只是生殖系统在发育过程中退化而无法生殖。

② 蚂蚁雌雄性别决定机制已经确定，但决定受精卵（双套／雌性）发育为蚁后或工蚁（中性）的机制仍因为蚂蚁种类繁多而无法有正确无误的答案，目前发现以下的一些条件是决定一些蚂蚁种类是否发育成蚁后的重要因子：费洛蒙的刺激、如幼虫的营养状况、冬天的低温作用、温度的影响、阶级间的抑制作用、卵的大小、蚁后的年龄等。

在着完全相同的神秘。

最后还有一个问题，存在将近半个世纪，拥有二三百万居民的大聚落中，是如何招募生殖雌蚁呢？因为在这类多蚁后或联盟蚁巢中，要维持一定的“蚁口”，就需要相当数量的生殖雌蚁来生产。

不同蚂蚁种类都以不同的方法，解决这个困难的问题。有时候，在婚飞之后，雌蚁不会建设新都市，而是回到自己出生的故乡。它们是否被蚁巢热烈接受，是要依据蚁巢对于生殖雌蚁的需求。

有时候，工蚁会聚集在门附近，为了聚落的将来，它们判断出需要的数量，收集需要的生殖雌蚁，拔掉它们的翅膀，带回屋内。

有时候，它们会外出寻找其他种族或近亲。有时候，也会让碰巧遇见的旅行者，成为巢内的生殖成员。更常发生的是，在同一个巢里面的兄妹结婚，执行昆虫学家所谓的“单系生殖Adelphogamy”。

蚂蚁这群朴素的主角们，只要有需要，它们可以轻易地变更基本法则，它们知道，要顺应各种环境，研拟出对策。

第四章　蚂蚁的居所

这个蚂蚁都市约占50英亩的面积，是由1600个蚁巢组成。有的蚁巢高约1米，底面圆周达4米，由蚂蚁的身长照比例计算的话，这些巢约相当于大金字塔的84倍。

一

蚂蚁的居所，不像蜜蜂的宫殿那般，追求琥珀的美丽或香气，也不像白蚁的城寨，追求可怕的坚固与宽广。

为了比较这三种建筑，并且了解在不同的居所内发生的事情，就必须扩大到人类的尺度来看。

控制蜜蜂巢的，是充满幻想、豪华奢侈装饰的几何学，令人觉得这不是地球上的东西，而是月世界的东西。

在白蚁巢里面，那座石山高达600厘米，上面有海绵般的小孔，内部经由坚固的水泥工程，做出值得骄傲的垂直形式。

而在蚂蚁巢里面，水平的形式连鸟瞰图都没有，毫无计划地形成无数个连续且无限延伸的洞窟都市。如果，将这些洞窟扩大到我们的身体也能进入的大小的话，恐怕一踏入这里面，就没有人能够活着回来了。

蚂蚁的建筑，就像它的身体或习性一样的多样，甚至可以说蚂蚁的种类有多少种，蚁巢的种类也有多少种。不过，这些可以分类成四五种的基本型。

蚂蚁的居所十分之九都在地底下。穿过沙地或泥土质的土地，分成无数条的通路贯通所有的地方。

大致上来讲，上层部分有20层以上，往地下发展的深层部位，也会有几乎相同的层数。每一层的使用目的，主要是由温度来决定。最热的那一层，会被当作育儿室。可是，每个人都有过挖蚁冢，偷窥蚁冢的经验，所以，就不需要在这里详细说明了。

有时候，它们会小心地隐藏入口，有时候，却会好像故意要展示似的，做成火山口或圆锥状的形式。

一般，这个部分是蚁冢的主要部位，特别是我们所熟知的一些红蚂蚁，如：普拉特山蚁（Formica pratensis）、血色山蚁（F. sanguinea），会以松叶或其他植物的碎片建构这个特别的蚁巢入口。

红山蚁（Formica rufa）的孵化用圆锥状屋，类似我们的人工孵化器，最普通的也高达2米，底部的直径，有9到10米。圆锥状屋里面的温度，保持在高于周围10度左右的温度。

走廊、仓库、谷物放置场、工会堂、育儿室，有的种类还会有真菌栽培场或家畜场或酒窖。这些配置非常多样，即使是同种族、同样势力，比邻而居的两个聚落，也不会按照整体的鸟瞰图来施工，它们会配合情况，不断变更共通的设计。

于是，在某些毛山蚁属（Lasius）的巢里，卵小心地排列在上层部位，第二层房间，幼虫按照身高分类，第三层房间里面放着茧。但是，同样是毛山蚁属的其他巢里面，看起来好像全部都是杂乱地塞进去一样，表现出一种蚁冢的集体本能行为，就如同在我们人体中所有细胞表现出的行为一样，这样也可以让我们看出，它们是不是健康的。而且，有时候蚁冢的集体本能行为，会以奇怪的方法表现，其表现会接近单一生物个体的本能行为，有些事情相似到令人感到奇妙。

山蚁属与毛山蚁属的蚂蚁种类，会让圆锥状屋寻找一个可以尽量摄取更多太阳光热量的方位，让卵在里面成熟，培育蛹。但是，虽然一样是山蚁属与毛山蚁属的种类，分布于亚热带地区时，就不需要利用太阳光吸收热量，因此，也没看到这种圆锥形屋[①]。

二

地下巢的深度，大约是30至40厘米。可是，特别是收割蚁，它们会在砂里面，深深地挖到一米半深度的蚁巢，做成谷物放置场。巢的表面，开着七八个火山口，可以通往巢的内部。不管是哪一个群落，都占有50至100平方米的面积。关于这种收割蚁，我会在后面与真菌栽培蚁、编织蚁、畜牧蚁一起谈。

例如，佛雷尔在朱拉（Jura，瑞士的一个邦郡）地区发现的突行山蚁（Formica exsecta），它们是很纯粹的联盟，有时候会由超过200个蚁巢组成整个联盟，每个蚁巢拥有5000至500000个居民，有的蚁巢占据的领域，约半径200米的圆形面

① 蚂蚁幼虫发育的过程需要有一定的温度，而分布在温带地区的山蚁属(Formica)毛山蚁属(Lasius)种类为了由太阳光吸收有效的热量，而将蚁巢筑成圆锥状如火山口的形状，这样可以增加太阳照射的面积。但分布于亚热带地区的种类，因为环境中温度已经够幼虫发育的温度，所以就不用将蚁巢筑成圆锥状。

积。

非常认真而正确的观察者麦克·库克（H. McCook）曾描述突行山蚁的近似种拟突行山蚁（Formica exsectoides）的一个巨大都市，这个蚂蚁都市在美国宾州约占 50 英亩的面积，是由 1600 个蚁巢组成。有的蚁巢高约 10 米，底面圆周达 4 米。

麦克·库克推断，由蚂蚁的身长照比例计算的话，这些巢约相当于大金字塔的 84 倍。

换句话说，换算成人类的大小，蚂蚁集团令人相当惊讶，跟蚂蚁比较起来，伦敦、纽约，也不过只是个小村落而已。而且，我们还不太了解这个都市的构造。

三

蚁后的一生，或工蚁的大部分生活，都在这个只有些微阳光的住所之中（蚂蚁与蜜蜂或白蚁一样，喜欢黑暗）。没有白天、没有黑暗，至少夏天没有休息，从事着“容易而无聊的家事劳动”——打扫、准备食物。

三餐必须将蔬菜、谷类、果实、猎物等，变成饮料、绞肉、粉末或粥。然后，重复让彼此快乐的反刍、内外道路的修理，以及服侍母蚁等重要的工作在等着它们。必须保护蚁后，引导、警戒、给予食物、洗涤身体、梳理、爱抚蚁后。要对卵、幼虫或蛹，彻底奉献，不断舔卵，借由渗透给予营养。要帮幼虫或蛹变换很多次位置，视时间不同，搬到适当的地方。

除此之外，还要帮彼此化妆。因为蚂蚁有洁癖，会借助同伴的手，一天梳 20 次头发、摩擦、梳妆打扮。

最后，还有游戏，是一种运动，没有恶意的小竞赛。

这些都是因为皮耶·休伯的提倡才出名的，一开始大家认为这是添加了想象的观察。可是，后来佛雷尔、修顿梅尔（R. Stumper）、休雷葛（R. Stäger）都肯定了他的说法。

我很荣幸引用他描述这个事实的篇章，可以再度接触这位伟大蚂蚁学之父丰富、和平而值得尊敬的声音。

“有一天，我走近面向太阳，向南的蚁冢。无数蚂蚁聚集在一起，看起来似乎在巢的表面，享受着温暖的温度。

没有一只在工作，无数的蚂蚁群众，外观看来就像是沸腾的液体一样，一开始，光是看这景象，都觉得很痛苦。

可是，就在我观察着一只一只的蚂蚁时，却看到它们以惊人的速度，挥动各自的触角，彼此接近。它们的前脚，轻轻地抚摸着其他蚂蚁的脸。

类似爱抚的动作结束后，蚂蚁双方用后脚站起来，扭成一团，用大颚、触角、脚抓对方，然后立刻分开，然后又做出攻击姿势，再度突击。它们抓住对方的前胸部或腹部，抱住对方，翻倒、站起来、一边小心不要伤到对方，一边尝试复仇。

它们不是像真正在战斗那样，固执地进行攻击，也不射出毒液。也不像真的在吵架那样，对对方一意孤行。它们抓到对方，就立刻放开，然后又跳到别的蚂蚁身上。

其中，有的蚂蚁很热衷于这种演习，一个接着一个，不断寻找对手，瞬间就跟它们相扑。然后，这场比赛会进行到敌人显得有点弱，被摔出去，逃到别的房间为止。

我常常来拜访这个蚁冢，可是，每一次都看到相同的情景。

有时候，全部的蚂蚁都投入这种竞技。到处都形成一个个小集团，都是正在竞技的蚂蚁。可是，却从来没看到有蚂蚁受伤或死亡。”

四

最后我想说的是，虽然很难相信，可是，它们还是有休息的时候。

就像在稻草堆燃起的火花一样，不分昼夜，持续着疯狂活动的蚂蚁，大家都以为它们完全不会觉得疲累。可是，它们也一样遵守着这块大地的大原则。有时候，它们还是需要躺下来恢复精力，把生活忘掉。

背负着比自己的身体大上三四倍的猎物，经历漫长的冒险之旅之后，回到住宿处，在入口负责警戒的同伴跑过来，先要求反刍。在它们的世界里面，主要的事情，都是开始于反刍，结束于反刍。

接下来，警卫们为回家的蚂蚁拍掉身上的尘土，带领这位疲倦的旅行者，进入远离群众骚扰的寝室里。

它会立刻陷入沉睡，因为睡得很深沉，有时候当它们的蚁家受到袭击，病弱者们大声吵嚷的时候，它们都不会醒来。一旦演变成战争，它们的态度会跟平常相反，只会变得慌张想逃。

五

现在把我们的目光，从地上的居民，转移到在树上生活的蚂蚁身上吧!

这些蚂蚁,采取与白蚁类似的方法,它们一边小心不去伤害到树皮,一边在树干上钻孔,住在里面。就跟挖掘石灰岩居住的拉波居民一样,蚂蚁直接凿刻树木,建筑高层房屋。

“天花板,”如皮耶·休伯说的,“有的约一张扑克牌厚,由垂直的墙壁支撑,建造出许多宽广的隔间。有的有无数根细柱子支撑,几乎可以看穿那一整层的整个纵深。不管是哪一种,全都是用熏黑的树木做成的。”

看到这些巢的时候,就像是手上拿着一个错综复杂、奇异的、细致的、幻想的、未知的艺术品似的印象。只有历经数万年岁月的刻画,留下来的史前化石,才会给人这种印象。

煤灰毛山蚁(Lasius fuliginosus,它们会熏黑要加工作巢的树木,所以才取这个名字)常常会形成很大的联盟聚落,无数的蚁口会占领八到十棵树的树干,它们会顺从同一个法则,同一个主要刺激行事。

栖息于热带地区的某种蚂蚁,常常会将它们巨大的巢,附着在大树干的腋下。而且,这一颗大瘤的颜色,多少会类似于树皮的颜色。这种巢会用一种厚纸建造而成,这种厚纸类似于蜜蜂所做的那种。

而且,配合蚂蚁的要求,不管在大自然的空洞中建造的巢,或是树干上挖出来的巢,这一类固定居住的巢,就像童话故事一样,是居所,同时也是营养屋。

接下来是流浪的蚂蚁,也就是一直过着帐篷生活的蚂蚁。它们不断远征,只要有暂时的住宿处就满足了,到了晚上,它们会把它们的幼虫或蛹藏起来。

最后，可别把编织蚁织的巢给忘记了。不只是在蚂蚁的世界，甚至在整个动物界中，纺织蚁都是位于知识阶层的顶端。关于编织蚁，有详细叙述的价值，所以，我会再用一章来谈。

六

很遗憾的是，这些黑暗的巢，全部都被关闭起来，几乎不可能充分进行观察。因此，蚂蚁学家做了各种装置，就像养蜂家们已经做过的那样，想办法在不让蚂蚁察觉之下，观察他们想研究的蚂蚁生活。

史汪梅达（J. Swammerdam）在他1737年出版的《博物志》（*Biblia Naturae*）中，第一次谈到了人工蚁巢。

他在盘子上装上弄软的土，然后在四周围上一圈蜡做的沟渠，沟渠里面装满了水，再把抓到的蚂蚁放进盘子里。

休伯在雷欧米尔已经发明出“粉盒（pounce-boxes）”式蚁巢的50年后，皮耶·休伯仍不知道这样的蚁巢，他仍利用组好的小桌子，在小桌子上先做出直的割痕，在桌上放置一个盒子，是用百叶窗围起来，且镶上玻璃的盒子。因为蚂蚁跟蜜蜂一样，只能在黑暗之中活动，所以，用玻璃制容器，将整个覆盖住，让蚂蚁可以任意建造它们漂亮的住所。

后来更加进步。佛雷尔、拉伯克（Sir John Lubbock）、瓦斯曼、阿德尔·菲尔德（Adele Fielde）、珍纳、惠勒、桑吉（F. Santschi）、布朗（Brun）、梅尔达（Meldah）、库达（Kutter）等人，他们配合自己研究的蚂蚁种类，将皮耶·休伯做的原型，加以改良。其中，夏尔·珍纳的石膏巢非常实用，特别适合体型小的种族。

石膏制的巢，尽可能忠实模仿自然蚂蚁家的配置与迷宫，所以，才能了解到蚂蚁在完全意料之外，不符合惯例的环境下，它们会发挥的组织与隔间的才华。而且，也看到蚂蚁对自己居住环境的整洁非常细心。

例如，快捷火家蚁（Solenopsis fugax）的小规模聚落，住在珍纳的巢里，这个巢有33个房间。

其中14个房间，放着几乎已经成熟的蛹，另一个房间，一边放着成熟的蛹，另一边放着小幼虫。另外7个房间，放着中等大小的幼虫，有5个房间，塞满了将变成有翅雌蚁的巨大幼虫。蚁后占据了一个房间，加上4间预备房间。

最后，离入口处最近，位于最干燥部分的那一个房间当作垃圾场，工蚁把垃圾、幼虫在蛹的初期脱掉的壳、孵化以来，幼虫摄取的营养残渣，堆积在这里。较大规模蚁巢的垃圾场，还多达两三个房间。

蚂蚁的排泄物全部都是液体，也因此，垃圾房间一角的石膏，很明显地变色了。

于是，蚂蚁在这个与外界毫无来往的密室中，在这么困难的状况下，当场完成了就算是我们这些技术专家，也无法完成的卫生配备。

还有一种适于初步观察，更简单的装置，那就是拉柏克（Sir John Lubbock）提出的巢。那是用两片二十至三十平方厘米的玻璃做的，两片玻璃隔着三至六毫米，间隔距离视研究的是哪一种蚂蚁而定。

这两片玻璃板做成的装置上，装上木框，内部装满有点潮湿的细土。这时候，必须用土把整个覆盖起来，因为这种社会性昆虫的内在生活，是喜欢黑暗的。

我们可以在同一个支柱上，重叠放置好几个相同的巢，为了防止蚂蚁逃走，可以将这些蚁巢放在水盘里，或是在支柱的四周涂洒上石膏粉。

因为这些装置，我们才能了解蚂蚁的秘密，至少可以了解大部分的物质上的秘密。但是，关于政治、经济、心理、道德等的秘密，现在距离了解还很远。

第五章　战　争

这支密集军团，是昆虫世界的洪水，就像是二百万头以上的大狼群，出现在毫无防备的四脚动物世界里，突然发动攻击一样。所到之处，都引起笔墨难以形容的恐慌。

一

在所有的昆虫中，只有蚂蚁会组织军队，是会发动攻击性战争的种族。

白蚁虽然拥有军队，可是，士兵们绝对不会主动发动攻击，它们只是保卫都市，或是保护那些为了调度粮食，在城堡四周徘徊的白蚁工蚁而已。

即使是在蜜蜂的世界，也不曾看到自发性的攻击。已经弱体化且组织力松弛的蜜蜂巢，或是因为蜜房已经破坏或内部性的灾难，造成蜂蜜流出来的蜜蜂巢里面，会对邻近蜂巢产生贪欲，甚至发生掠夺行为。这时候，多少会发生激烈的战斗，可是，与其说这是真正的战斗，还不如说只是偶发性的小打斗。除了这类的例外，在蜜蜂社会中，别人的生命与财产，是应该会受到尊重的。

但是，在蚂蚁的社会里面，状况就不同了。原则上，蚂蚁确实是个和平主义者，它们会尽量避免没有好处的暴力。可是，它们具有高度的文明形态，它们是更具知性的蚂蚁，很难避免向不好战的、友好的种族发动战争。因此，会主动发动战争的人，就必须彼此结盟。

关于这一点，很奇妙的是，蚂蚁社会与我们人类的文明很相似。就好像这个地球、大自然之神或说是宇宙的道德，在等待更好的到来这段短暂期间，世界希望停留在人类的文明社会的阶段一样。

二

蚂蚁不管是在实质上、精神上，都比白蚁、蜜蜂或人类，都更加广泛、富于变化。从针蚁亚科（早期地质年代，未知的古蚂蚁的直系，现在还过着较独特生活，是一种原始的蚂蚁）到真菌栽培蚁、奴隶蚁、一直到极度进化，变成会使用工具的蚂蚁等，或是像蚁居家蚁（Formicoxenus）或牙针蚁亚科（Myrmecina）那样，绝对不抵抗的和平蚂蚁，一直到勇猛的红悍山蚁（亚马逊蚁）、军蚁（Dorylinae）、游蚁（Ecitoninae），有非常多样的阶段与变迁。

人类虽然从波利尼西亚土人、斐济土人，一直到率领地球上人类的白色民族，虽然有各种阶段，可是，还是比不上蚂蚁的多样性。体型、体色、身长，光是知性或习惯的差异，就有各式各样。

例如，澳洲产的一种附肢棘山蚁（Polyrhachis appendiculata）的胸部，是由像两片核果状的骨片所构成，且上方覆盖着一个黑色纽扣状的突起物，而后连接着琥珀色的沉重腹部。

一样是澳洲产的六刺长颚家蚁（Orectognathus sexspinosus），外形就像一个像马形状的头，被安置在一个薄片状且多刺的胄甲上，且好似由一线状的细管所串起，末端的形状则像透明的梨子状的果实。两种蚂蚁比较之下，差异之大，就像在看飞蝗与河马的差异一样。

另外，敢大胆攻击普拉特山蚁（Formica pratensis）的灰黑皱家蚁（Tetramorium caespitum），简直就像向大象挑衅的鼬鼠了。

因此，就像身体会有不同一样，武器也不一样。每一种蚂蚁，都拥有巨大的大颚，以便当作攻击的武器。可是，每一种大颚的武器，都非常奇怪，形状各式各样。有的形状像夹子或大剪刀，有的像钳子那样，又粗又短，有的像镰刀一样长，有的很尖锐，好像一砍就可以砍穿敌人的头盖骨。有的可以用齿状的双刀切断敌人的头、脚、胸部，甚至，有的蚂蚁还有两对这种武器。

有几种蚂蚁，除了大下颚之外，还拥有看起来像蜜蜂的针以及毒囊，不过，这种武器有退化的倾向，以肛门腺体来取代。这种囊状的腺体，是一种喷雾器，即使距离很远，还是可以发射毒气，使敌人麻痹，逮捕敌人。

但是，蚂蚁只在紧急的状况，或是大战斗之中，才会使用这种武器，除此之外，它们似乎讨厌用这种武器。那是因为蚂蚁不希望杀死敌人，而且，这种携带型大炮，发射所承受的打击很可怕。怎么说呢？因为有时候自己也会被自己的毒液害到。

三

身体或武器各有不同，战争方法也是天差地别。人类所有种类的战争法，在蚂蚁的世界也适用。开放式战争、大规模攻击、闪电作战、集团攻击、埋伏、袭击、渗透、歼灭战、决死战、没有战略的战斗、如我们人类一样会使用巧妙组织的包围战、大规模的防御、如暴风雨般的突击、孤注一掷的突破包围、恐慌的逃脱或是战略性的撤退，有时候在蚂蚁联邦间也会出现小的冲突（不过，这种状况极为稀少）。

我不打算在这里叙述所有的形式，因为太过详细的叙述，只会让人觉得烦。而且，这些细节，只要参考专门的论文，就可以知道了。但是，针对蚂蚁的敌对行为，可以从这些叙述中，提出几个奇特的一般法则。

首先，前面也提到过，蚂蚁的利己主义，与自古流传下来的传说相反，这个种类大部分都是彻底的和平爱好者。可是，当它们遭到攻击的时候，为了保护都市，它们会发挥出在我们勇敢的军队身上也看不到的勇气。

它们根本不理会攻击者的大小，或是攻击者数量的多寡。而且，面对它们令人感到威胁的态度，入侵者都会放弃当初的计划，第一击就让它们害怕，不顾羞耻地逃走了。

就算它们强而有力，武装也完备，威风凛凛，但是，爱好和平的蚂蚁，会尊重别人的幸福，不会滥用自己的能力；会避开所有冲突的动机，避开所有冲突的机会，它们只专心面对自己巢里面的问题。

例如，栖息于欧洲的蚂蚁之中，有一种非常可怕的淡红筒家蚁（Manica rubida[①]），它们虽然拥有一种毒针，一刺就可以杀死敌人，可是，它们到现在都还不曾攻击过其他的蚂蚁聚落。

四

在蚂蚁的世界，或是在我们人类的世界，都可以看到，比较强的种族，抢夺别人的东西，被当作是理所当然的。对蚂蚁世界的和平与幸福而言，这是很不好的事情。更恶质的是定期的抢夺，抢走比邻而居的聚落里的蜜，抢走还没出生的年轻人，让它们变成奴隶。而且，我们不得不承认，这种极度不义的种族，却是文明最进步、知识最发达的种族。

根据皮耶·休伯细心的观察，记录下来的蚂蚁战争故事（例如红山蚁或是亚马孙蚁的远征）之一，应该引用其中一段才对。可惜的是，文章太长，而且，没有任何地方是多余的，实在不知道该把哪些部分割爱掉。不过，我想皮耶·休伯那部作品，最近会重新出版，所以，就等着看重新出版的书吧！

红山蚁是好战的蚂蚁，也就是血色山蚁（Raptiformica sanguinea = Formica sanguinea），在欧洲一带非常常见，通常沿着南向的围篱，就可以发现它们。菲玛（H. Viehmeyer）、瓦斯曼（E. Wasmann）、惠勒、佛雷尔，都是热心的研究者。

红山蚁每年在天气好的季节里面，会进行两至三次的抢奴隶行为。以战略上来看，组织不像远征那么严格。

① 淡红筒家蚁（Manica rubida）的学名为 Manica rubida，隶属于新家蚁属 Neomyrma。现今的分类体系认为，新家蚁属是筒家蚁属的同物异名，目前已经被并入筒家蚁属中，因此淡红筒家蚁的学名也一并变更。

以下是佛雷尔观察纪录的一段文章，但是，因为有点太详细了，略嫌冗长，我将内容做了归纳。

它们会派侦察兵，去侦察其他种类的蚂蚁巢，这一次要侦察的抢夺对象，是钝山蚁（F. glebarias）的蚁冢。

在某一天的黎明，派遣过侦察兵之后，蚂蚁们分成小队，朝目标蚁冢前进，慢慢地包围目标。

防守这一方的蚂蚁们发现事态紧急，它们会在门的四周，用相当于石块的小砂粒，建筑防线。

这时候，遵照不知何处来的进攻指令（在蚂蚁世界里面，指令的出处，比蜜蜂或白蚁更加神秘），攻击军大举攻来，防御的这一边虽然尝试抵抗，可是，防线还是遭到突破，被对方打倒。全军覆没，充满绝望的蚂蚁退回巢里，不管付出多大的牺牲都要把蛹救出来，它们咬起蛹，再度从巢里面冲出来。

因为数量太多，混乱间环境的颜色从原来的褐色（工蚁的颜色），转变成白色（幼虫与蛹的颜色）。

可是，侵略者们从它们身上抢走这些宝贝，暂时堆放在蚁巢出口附近。然后，会让生殖雌蚁或没有背东西的工蚁通过，唯独遇到正在搬运幼虫或蛹的工蚁，它们如同顽强的海关税吏一样，强逼那些工蚁放下背负的东西。

除此之外，只要不抵抗，不用毒液防守，攻击者都不会对战败的蚂蚁加以任何的危害。

如果有一些钝山蚁逃了出去，还把一些子孙藏在草里面的话，它们会再度逮捕这些钝山蚁，抢走孩子们。于是，没有多久，遭到抢劫的都市，与运回活战利品的胜利都市之间，会开出一条通道，持续两至三天。也就是说，一直持续到遭包围的蚁巢内的个体完全净空为止。

与一般所相信的相反，蚂蚁不会大量屠杀，也很少在路上出现被打倒杀死的牺牲者。居住者只是被赶出去而已，不会再回到原来的巢，它们会移居别的地方。蛹全部搬出去之后，胜利者一撤退，巢就立刻变成废墟。

根据蚂蚁的原则，它们会将危害别人的程度，控制在最少的限度内，只有在绝对必要的战争行动时，才会付诸实行。

在新国家（战胜国）的门口，与遭抢劫的黑山蚁同种族的其他奴隶，会来迎接被抢来的卵、幼虫或蛹，照顾、养育它们。最后这些新生代会代替它们，继续当奴隶，从事征服者住所内的劳动工作。在奴隶制的蚂蚁世界里面，就是用这个方法补充仆人。

五

当然，并不是我们本来所谓的那种奴隶制，在一个世纪以前，皮耶·休伯已将这个词汇，做了如下的一些修正。

我们认为的奴隶制度，应该是一种利己的收养行为，有点像是养母与养子的关系。但是，与我们一些经验有点相反，被征服者反而收养了战胜者，战胜者变成它们绑架的奴隶所照顾的孩子；在更进化的某种聚落里面，没有被征服者的帮助，它们甚至无法自己进食。

这种自发性的奴隶，拥有与它们的绑架者（主人）一样的自由，可以随心所欲地离开巢，去自己想去的地方。它们一直到死都效忠主人，有时候，会跟在主人身边，与它们的祖国战斗。

和平爱好者山蚁的生活中，这类战斗不会常常发生。不过，如果用人工的方法，让两个具有对抗关系的聚落相遇，就很容易看到战斗的现象。神秘的反刍行为，在个体间相互奉献时感受到的神秘快乐，一定在这种家族收养关系中担负着重要的任务。

从斯堪的那维亚到意大利，从英国到日本，都是这类武士蚁的居住区域。但是，它们的奴隶制度，并不一定都是用同样的方法组织起来的。

例如，在某个种类的蚁巢中，奴隶的数量会比主人多，在其他种类的蚁巢里面，奴隶则很少；而另一个种类的蚁巢里面，却废了奴隶制度，由异常矮小化的工蚁，取代奴隶的工作。

而且，也有好几种蚂蚁，拥有两种类别的奴隶。例如，两种黑山蚁（F. glebarias 与 F. rufibarbis），就是常常照顾家事的两种奴隶蚂蚁。

佛雷尔成功地在一种武士蚁的人工蚁冢里面，放进八种不同的蚂蚁种类，四种黑山蚁（钝山蚁 Formica glebarias、红毛山蚁 F. rufibarbis、灰山蚁 F. cinerea、普拉特山蚁 F. pratensis）与四种武士蚁（红山蚁 F. rufas、突行山蚁 F. exsecta、统治山蚁 F. pressilabris、红悍山蚁 Polyergus rufescens）让它们当养子，抚养它们。

这些种族都用各自不同的行为表现，从事各自的活动。突行山蚁与钝山蚁非常勤劳，红山蚁非常灵巧，普拉特山蚁却是非常笨拙，红悍山蚁则是无可救药的懒惰虫。其他种类，若被认为是不适应者，或是没有用的东西，就会立刻被杀掉。

在某些奴隶制度的蚂蚁社会中，主人与仆人之间的关系是很奇妙的。根据库达（H. Kutter）的观察，高山强颚家蚁（Strongylognathus alpinius）虽然拥有一个这么粗暴的名字，可是，当它们对灰黑皱家蚁（Tetramorium caespitum）进行远征攻击的时候，它们会把它们的奴隶送往战场，自己站在高处观看，监视战场，用自己本身的存在，来恐吓敌人。

另一方面，自古以来就是世仇的皱家蚁属（Tetramorium）与强颚家蚁属（Strongylognathus），当人类将它们放置在异常的环境中时，会停止作战，不会有奴隶行为。

这一切都显示出蚂蚁令人注意的适应性，以及它们利用环境的巧妙度与适应能力，简单地说，这些就是蚂蚁的知性。这些带给我们好不容易才刚开始研究、还不太了解的这个世界，产生引导我们探求新知的动力。

六

到目前为止，谈到的各种奴隶行为状况，全部都是属于无意识的状况。要征服黑山蚁与红山蚁，是非常容易的。它们在不知不觉间，变成奴隶。因为它们在幼期状态的时候，就被绑架，它们不知道自己真正的祖国，因此，奴隶关系没有一点点不自然的地方。

会进行抢劫的所有种类之中，只有可怕的高山强颚家蚁（Strongylognathus huberi）会逮捕成虫来当奴隶。可是，似乎不曾因为这么大胆的做法，而发生重大的失误挫败。命运截然不同的转变，它们看起来似乎不觉得意外。如果它们感到意外的话，会在很久以前就放弃了吧！

然而，这种可以说是超动物性的行为，常常会引起奇妙的结果。

根据瓦斯曼引用的例子，红山蚁从普拉特山蚁的小都市抢来的茧，孵化后，成为一个奴隶。当年轻的普拉特山蚁到原蚁巢附近工作的时候，有时候会与它们的母亲重逢，然后把它们的母亲带到主人的巢里，以取代刚死去的红山蚁蚁后。

结果，原始制度的聚落，会渐渐变成普拉特山蚁的共和国。

如此复杂而微妙的文明中，必然也会跟我们的文明一样，产生出乎意料的结果。

在拥有奴隶制度的蚂蚁之中，最大型的是皮耶·休伯称之为亚马逊蚁或军团蚁的红悍山蚁（Polyergm retesceus）。这种蚂蚁比较少，对其他蚂蚁而言，奴隶是一种奢侈，可是，相反的，对这种蚂蚁来讲，奴隶却是它们生存中不可或缺的。

另外，拥有奴隶数量的分配，也不一样。以红山蚁而言，一般六至七只主人，会有一只奴隶。可是，一只亚马孙蚁（红悍山蚁）会有六至七只奴隶。武士蚁的进化，到了这里，已经完成了。

亚马孙蚁具有镰刀型的大颚，它们和白蚁的兵蚁一样，只有战争才派得上用场。它们没有别人的帮助就无法进食。它们要从仆人的口中，才能摄取到食物。而且，也无法照顾小孩，无法建设或维护自己的巢。它们只能在巢的底部，什么都不做，无所事事地度过它们空虚的时间。它们有时候磨磨脚，有时候恶劣地向奴隶要求蜜，除此之外，每天都是茫然度日。

这些全身穿戴着漂亮盔甲的战士、骄傲的特战突击队、所向无敌的大战后归乡的士兵，如果没有仆人，就会跟婴儿一样，走投无路。它们只不过是一群无用的人。

若仅将这种蚂蚁放在蜜汁堆里而没有它的奴隶，即将会饿死，向同伴互相索求食物；在这充满绝望之中，我们学习皮耶·休伯或佛雷尔做过的事情，将一只奴隶蚂蚁的工蚁放进去看看。状况立刻改变，那就好像在一个即将死亡的独居者房间里，来了一位善良的家庭主妇一样。

七

从身体的结构来看，战争是亚马孙蚁唯一的职业，是攸关生死的问题。它们不管付出多少牺牲，都必须经常补充奴隶。

不管敌人的数量或体型大小，亚马孙蚁会以强烈的气势发动攻击，绝不退缩。它们只攻击敌人的头。彻底的斗争性，决定了它们的本能，结果限定了战略。

它们的战略中，没有红山蚁亚科那种柔软性与知性。红山蚁不会在敌人身上，加诸不必要的致命伤，可是，亚马孙蚁不像红山蚁那么宽容与温和。红蚂蚁为了抢到想要的猎物，只会责打黑山蚁而已。相反的，亚马孙蚁会迅速砍掉衔着茧的黑山蚁的头。

亚马孙蚁即使在战场上，嗜血狂的症状也时而会发作，它们会撕裂掉落在大颚下的东西。不管是幼虫、蛹、木片、甚至是战友或自己的奴隶，任何碰到嘴巴的东西，都会被它咬碎。这些士兵具有无与伦比的勇敢，面对灵巧的战略家、勇敢而可怕的盗贼红山蚁，只要六十只亚马孙蚁，就可以轻易击败红山蚁大军。

就像皮耶·休伯观察到的，即使是都市围攻战，红山蚂蚁与亚马孙蚁的方法也不一样。根据皮耶·休伯提到的，特别是当牺牲者是被称为“灰黑蚁”的那种蚂蚁时，更是明显。

十九世纪末，蚂蚁还没有像今天这样，被安上一堆难解的学名。它们拥有更直接、更亲切的名字：红蚂蚁、矿工蚂蚁、褐色蚂蚁……但是，亚马孙蚁或军团蚁，变成红悍山蚁（Polyergus rufescens），灰黑蚁变成现在的暗褐山蚁（Formica fusca）。

如果是红山蚁，被围攻者的第一个行动，就是将幼虫与蛹，堆放在与遭到攻击的入口相反方向的入口处，以准备在战败的时候，可以轻易地把这些幼虫与蛹搬运出去。然后，它们会勇敢地投入战场，进行防卫战。它们英勇地抵抗，有时候攻击的这一边，会在慌忙抢夺战利品之后，就撤退了。

但是，一旦亚马孙蚁展开攻击，不管灰黑蚁做什么，也都没用了。它们知道它们的敌人，是毫不留情的雷电军团，狼狈的感觉在守备队之间扩散，只能等到侵略者攻击到厌倦为止了。

根据佛雷尔的计算，据说一千只亚马孙蚁组成的都市，平均会捕获四万只暗褐山蚁（F. fusca，灰黑蚁）或红毛山蚁（F. rufibarbis）的茧。

八

有件事情很奇妙。有时候，亚马孙蚁的残忍与不合理的要求，也会让奴隶们受不了而生气。不会遗漏任何事情的佛雷尔，就是这次“奴隶暴动”的见证人。

例如，地底王国的斯巴达克斯党员（Spartacist）[①]，会抓住主

① 这是历史上闻名的反抗罗马帝国事件，是一个叫做 Spartacus 的奴隶，他带领十万奴隶，用最原始的武器，也就是“人的勇气”，去抵挡当时拥有最先进、最凶猛武器的罗马大军。

人的脚，咬主人，把主人带到远离巢的地方。用几丁质盔甲保护自己的亚马孙蚁，面对这种虐待，毫不在乎，只要不被带到太远的地方，它们不会抵抗。

可是，奴隶们如果太过分了，亚马孙蚁就会用它们可怕的镰刀，夹住暴徒的头。

如果这时候，叛徒们还不放手的话，就可能会把叛徒的头打穿。

在战场的生活中会表现出愚蠢一面的亚马孙蚁，有时候，也会发挥出令人瞠目结舌的想象力。

例如，当它们感觉到住所太狭窄的时候，当它们遇到被丢弃的蚂蚁巢，又认为比自己的巢还舒服时，它们会把奴隶移往那个地方。经过好几个小时的往返，它们就会决定跟奴隶一起定居在那里。

栖息于美国或日本的亚马孙蚁，习惯几乎与欧洲的亚马孙蚁一样，它们使用不同蚂蚁种类当仆人。但是，因为习惯相同，所以不需要特别提出来谈了吧！

斯巴达克斯党员的完美礼节，使它在所有的奴隶制蚂蚁中，显得非常显眼。它们虽然抢了对方的孩子，可是，绝对不会对对方施以暴力。

九

谈完猎捕奴隶的攻击之后，要谈的是没有那么残酷，以及没那么激烈的领土争夺战。

蚂蚁跟人类一样，很明确地拥有所谓的“私有财产拥有欲”。

蚂蚁的这种欲望，不只是对巢及巢里面的东西，甚至遍及它们去工作地方的四周，特别是家畜蚜虫饲养的区域。

蚂蚁不准邻近聚落的密探，来它们的土地抢粮食，它们自己养育、围起来、放进小屋子里面照顾的蚜虫，会分泌出蜜汁，它们不让任何一滴蜜汁被偷走。

在这里，可以看到与人类社会一样的矛盾。我们不准别人来抢隶属于我们的东西，可是，却喜欢去抢隶属于别人的东西。可是，蚂蚁不像我们那么频繁、阴险、复杂。关于这一点，会在畜牧蚁那一章，再提出来谈。

有一种特殊的战争，只在热带地区的蚂蚁才会发生，也就是与白蚁间的战争。与其说这只是单纯为了食物而战，还不如说是一种狩猎行为。

这些可怕且聪明的白蚁，却很不幸地成了上天赐给蚂蚁的猎物，天生的牺牲者。

在某些地区，蚂蚁一生绝大部分的时间，都在寻找潜入白蚁巢的机会。可是，防卫者的小心、严格警戒与预防，使它们很少有机会潜入。

关于这场战争的详细情况，请参考布尼恩（M. E. Bugnion）著的《蚂蚁与白蚁的战争》。

十

蚂蚁世界的战争，与我们的世界一样，战争不一定会以战败者被歼灭或逃亡的结局来结束。蚂蚁也了解和谈、和平、结盟的恩惠与利益。

要观察这方面相关的反应，大部分都是用人工的方法引发的。因为，在自然状态下，很少发生这类的事情，或者也有可能是发生在我们看不到的地方。即使如此，也显示出这是极为接近蚂蚁智慧的事情。

将属于同一种，但是居住在两个不同蚁巢的蚂蚁，混合放进一个人工巢中，一开始，它们会彼此激烈疯狂地攻击对方，但是，过没多久，它们就发现同胞之间的战争是没有好处，而且是愚蠢的。骚动停止，大颚放松了下来，肉搏战解除。到处都出现一种悠闲的和平气氛，渐渐地转变成无法动摇的同盟关系。就好像所有的蚂蚁都属于同一个家族一样，精力充沛地在被分配的住所中工作。

不同种的蚂蚁要确定和谈，需要花更多时间。我们可以学佛雷尔的实验，把一巢血色山蚁与一巢普拉特山蚁放在同一个袋子里面，就可以轻易地了解这件事情了。

为了让蚂蚁混合均匀，用力摇动袋子之后，将袋子口朝向人工巢打开。一开始会产生大混乱，接下来开始战斗，战斗渐渐地没有那么激烈了，到了傍晚，退化成彼此推来推去，不会造成伤害的恐吓，但是战斗还是继续着。这段时期，会死掉几只血色山蚁与数量相当的普拉特山蚁，这是很普遍的。可是，血色山蚁的战死率，绝对不会超过普拉特山蚁。普拉特山蚁可以自由操纵力量强大的毒，可是，血色山蚁的损失，却不会超过敌人，这让人有点想不通。那一定是因为普拉特山蚁讨厌用毒的关系。

过了两三天，确定和谈条约，昨天的敌人，今天肩并着肩，一起协助搬运幼虫或蛹，友好地彼此合作，进行新居的改善或隔间。

这种友好关系，甚至影响到巢的建筑。就像过去曾谈到的，各种蚂蚁会因各自种类的不同，对于建筑住所的材料选择、配置方法，都各自不同。因此，在自然状态下，当然不用说了，即使是在人工巢里面，混合巢的圆顶，严格来讲，都与纯粹状态的红山蚁的巢或黑山蚁的巢不同。

同盟者、协力者或是奴隶的影响，都不会留在建筑上，甚至波及性格，多少也让蚂蚁社会的心理或道德，产生了改变。

例如，根据艾涅斯特·安德雷（Ernest Andre）指出的，由胆小的暗褐山蚁（Formica fusca）服侍长大的亚马孙蚁的行动，稳健、慎重而缓慢，相对的，较活泼、富于判断力的红毛山蚁（F. rufibarbis）则将更多的活动力，传给自己的主人。

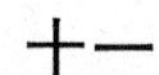

十一

最后，在这一节里面，我要提出几种好战的蚂蚁，例如栖息于南非或圭亚那或墨西哥以及巴西，被称为“访问者”或“猎人”的巨大而恐怖的蚂蚁：军蚁（Dorylini）、游蚁（Ecitini）、细蚁（Leptanillini）[①]。这些蚂蚁不会从事单纯的战争，当然，因为没有任何蚂蚁能够抵抗它们。除了龙卷风或台风之外，它们不会遇到挡它们路的敌人。

① 在作者当时的年代，这三类蚂蚁的分类地位都隶属于军蚁亚科（Dorylinae）下的三个族（tribe）：军蚁族（Dorylini）、游蚁族（Ecitini）、细蚁族（Leptanillini），而现今游蚁与细蚁均已提升至亚科：游蚁亚科（Ecitoninae）与细蚁亚科（Leptanillinae）。

最近，渥斯雷（J. Vosseler）发现的非洲军蚁亚属（Anomma），与黑恰克（A. Hetschako）、谬勒（W. Muller）、贝兹（A. Bethe）、贝尔特（T. Belt）、巴尔（G. A. Baer）等人研究的行军蚁，也就是弯钩游蚁（Eciton hamatum）一样，都是专吃肉食、瞎眼、巨大的蚂蚁，它们的职业就是大量虐杀与抢夺。它们不建设都市，它们一边露营，一边行军。而且，它们的步伐非常有流动性，因为它们停留的地方，会立刻变成完全的不毛之地。

它们军事化、体系化的组织狩猎远征军。首先，会先派遣几只侦察兵，很快的，抢夺与虐杀的冲动，会使它们如潮水般蜂拥而来，覆盖整个平原或密林。它们以突击的姿态行进，负责保护它们、监督它们的，是拥有巨大头部与钩型大颚的兵蚁，军队紧密集合在兵蚁之间列队行军。然后，不给任何警告，直接袭击敌人。

它们不会放任何一只猎物逃走，会派遣骑兵左右散开。这支密集军团，是昆虫世界的洪水，就像是二百万头以上的大狼群，出现在毫无防备的四脚动物世界里，突然发动攻击一样。

而且，它们的行动所到之处，都引起笔墨难以形容的恐慌。常常连鸟都吓得飞走。没逃走的，当场遭到虐杀。太重的猎物，当场切断，碎片则运到临时的共同仓库。

如果，它们的路上有鸟或小的哺乳动物的话，也只会剩下骨头。在东加的话，被关进笼子里面的豹遭到杀害，一个晚上就会只剩下骨头。

以前有个时代，会把几名囚犯牢牢地绑在一起，丢进蚂蚁之中。过了几个小时，他们立刻变成可以放在博物馆里面的骨头标本了。

蚂蚁们疯狂的攻击，不管是人类或任何东西。如果有人不想逃，想留下来，或是有无法移动的病人的话，就要将床脚浸在装满醋的容器里，并且要确认天花板没有裂缝。若不这么小心的话，连人类也会送命。可是，大部分的状况还是都会去避难，蚂蚁的大颚就算被切离身体，还是会咬着不松开。因此，原住民就利用这个大颚，代替缝合伤口的缝合用钳子。

游蚁（Ecitini）通过之后，就跟它们的兄弟军蚁通过之后一样，找不到任何一个活着的东西。它们若袭击村庄，会把所有会动的东西都吃掉。相对的，也把整个村庄都清扫干净，连害虫的影子都没有。一开始，毫不犹豫赶紧撤退的村人们，了解到自己的不幸得到相当的补偿，也就放弃去击退这些蚂蚁的念头了。

这些攻击会在它们停留的地区，完全被吃光的时候发生，也就是移居行为。关于这一点，游蚁也跟军蚁有一样的习惯。

也就是说，它们会搬着卵、幼虫或蛹走，在走到的地方，把这些卵、幼虫、蛹放置在临时的巢里。

但是，游蚁的幼虫很怕日光，所以，它们会走有覆盖物的道路，或是兵蚁头靠着头，做出隧道，让它们在影子下通过。巴尔（G. A.Baer）在凯恩斯（Cayenne）附近发现的军蚁的临时住所，有一立方米大，数十万只工蚁身体靠在一起，形成巨大的球，为茧维持必要的热度。

在卵的四周，形成这种球，在豪雨或洪水的时候，也就是说，当遭遇到必须以一死的决心，横渡水路的危机时，会有一两只蚂蚁先去执行。这只是单纯的反射行为吗？或是被危机状况诱发出来，经过深思熟虑之后的英雄行为呢？茧会集合在这个密集的中心，是否是偶然造成的呢？这些都是很难确定的。

第六章 传达与方向感

蚂蚁的行动，就好像它们拥有罗盘，使它们绝对可以弄清楚旅行的方向；也好像拥有计步器，可以不断指示出，途中几个地点该走的距离。

一

几乎接近瞎子的蚂蚁，在巢里面是同一个种族，可是，遇到别的家族时，它如何知道对方是外国人呢？在蚂蚁社会里面，这也是个很复杂而难解的问题之一。

耐力强而灵巧的蚂蚁学者阿德尔·菲尔德小姐（Miss Adele Field），为了这个问题奉献了大部分的岁月，可是，还是无法完全解答这个问题。根据她的实验，蚂蚁最重要的感觉，就是嗅觉。

嗅觉主要存在于触角前端的后七节上。这些触角节负责各种不同的、特定的气味。

例如，最后一节可以感应到蚁巢的气味。倒数第二节可以判断出同一种类，但由不同家族组成的蚁巢里面工蚁的年龄。从前面数来第三节，可以捕捉到自己走的路上所遗留下的气味。

被除去最前面那一节的蚂蚁，会毫不在意地闯入别人的蚁巢中，而遭到虐杀。切除第三节的话，就会无法追踪曾经走过而遗留下来的足迹气味，因而迷路。

其他的节可以察觉到母亲，也就是蚁后散发出来的气味。因此，被剥夺这一节的工蚁，就无法照顾产卵雌蚁或子孙。而且，负责种族气味的触角节如果被除掉的话，就算与种族差异很大的蚂蚁相处，也不会发生战斗等等。

我们必须注意，居住的气味与种族的气味不一样。前者相当多样，会因为居民的年龄、其他的状况而不同。

相反的，种族的气味几乎是固定的。家族的气味又不一样了，那是母亲的气味。所有的蚂蚁从卵开始，一直到死亡，都会带着这种气味。因此，不会把不是自己母亲的蚁后气味弄错。

可是，把蚂蚁的嗅觉限定在触角，似乎太过大胆了。事实上，这种感觉与人类不同，不会局限在一个器官上，似乎与其他昆虫一样，是扩散到全身的。

米尼西（J. Minnich）最近证明，蝴蝶是用脚来了解味道的，确切地说，是由脚上末端的四个部分（跗节、前跗节）来感觉的。

惠勒说："这种形式的感觉器官在昆虫中是非常常见的，同样的，要把嗅觉这类隔着一段距离来感觉的器官，与味觉这类靠接触来感觉的器官区分开来，是没有用的。为什么呢？因为昆虫不只把触角用在触觉上，也用在其他各种感觉上。"

而且，还有一个问题，就是记忆中的气味的时效问题。这种气味的时效，也是各有不同。有的时候，可以留十天左右，有时候三个月，或是持续更长的时间。特别是家族的气味，还会持续三年以上。还要加上各种感觉难以避免的混合、重复，还必须加入这些深奥的感觉器官，所扮演的电气的、磁气的，以及可能是以太的、心灵的角色。

我们一直相信，这个小小世界比我们的世界更加单纯、原始，缺乏趣味与意外性。但是，从以上的事情，就可以知道这是个复杂到令人难以置信的小世界了吧！

二

蚂蚁用触觉来代替眼睛（蚂蚁是严重的弱视，大部分是瞎眼的），也代替语言。当它们在巢附近的小路上来往时，我们每个人都曾观察到，它们每次相遇会停住一下子，好像在谈什么似的，用鞭毛敏捷的互相轻拍。它们彼此之间，只有这种传达方法吗？

受到攻击，或只是不安来袭的时候，警报会像闪电似的，在蚂蚁巢里快速传播开来。就像我们面临极度恐惧的时候，在我们身体里面产生的现象一样，神经上的、心理上的，在刹那间，细胞一起出现反应。可是，毋庸置疑的，蚂蚁的警报反应与人类细胞的集团式反应不同，其中存在着利用触角产生的个人性语言。

拉伯克（Sir J. Lubbock）针对这个问题，进行了严密而明确的实验。例如，以下这个实验法就很容易求证。

首先，在巢外等距离放置两个小容器，一个放进50只左右的幼虫或蛹，另一个放进三到四只的幼虫以及蛹，接下来，两个容器各放一只蚂蚁。结果，两个容器的那只蚂蚁，都各抱着一只幼虫回巢里。没多久，再放进与被带走的幼虫相同数量的幼虫进去。结果，放50只幼虫的容器中，来了比放三只幼虫的容器还多三四倍的工蚁。

从以上的实验，就可以知道，第一只蚂蚁们一定曾经通知同伴，说两个容器中的其中一个比另一个有更多紧急的工作。

再举一个同一个作者的另一个实验。他观察着一只专心把幼虫搬回巢里面的黑毛山蚁（Lasius niger），到了傍晚，把这只蚂蚁关进玻璃里面，到早上一释放它，蚂蚁就立刻重新展开工作。到了九点，再度把它关起来，四点时，将它放在幼虫附近。可是，那只蚂蚁似乎对幼虫做过仔细小心的调查，却放着那些幼虫不管，就回巢里去了。

这时候，巢的外面，连一只别的蚂蚁都没有。还不到一分钟，这只蚂蚁跟八只朋友一起，直接来到堆积着幼虫的地方。它们来到路程的三分之二的时候，观察者把原来那只蚂蚁，再度关了起来。其他的蚂蚁，在犹豫了几分钟之后，用令人惊讶的速度折返回巢里。

到了五点，又把那只蚂蚁，放到这些幼虫那里，可是，蚂蚁碰都不碰幼虫，就回巢里了。然后，它在巢里面只停留几秒钟，就与13只蚂蚁一起回来。

它们一定是以实际示范以外的方法获得情报的。因为，做了记号的蚂蚁，在它们面前，连一只蚂蚁幼虫都没有搬。

蚂蚁间这样的沟通可以只用触角的功能来说明吗？

几乎可以断言，确实，蚂蚁间的沟通是要靠触角。但是，却不可能进行反证的实验，因为，除去触角之后的蚂蚁会失去方向感，会连幼虫或巢都找不到。

三

确认意志传达的这些实验之外，拉伯克还尝试很多实验。

他每隔一分钟，记录面对幼虫的各种毛山蚁属（Lasius）蚂蚁的所有动作与行为，连续追踪好几天。例如，从早上九点开始到傍晚七点为止，持续观察，从他这个实验显示出，一只蚂蚁在装着幼虫的钵到巢之间，往返旅行了 90 次。蚂蚁每一次旅行，就运送一只幼虫，回程总是单独。

在同样的条件下，旅行的次数，视每一只蚂蚁而不同，有 50 次、80 次等等，但是，都没有同伴。是因为它们判断，自己一个人就可以把工作完成吗？它们认为不需要通知同伴吗？

另一方面，使用 70 个瓶子的实验，留下了暧昧的结果。

要详细叙述这个实验，需要花上好几页，在这里，我们只要知道下面这件事情就够了吧！

插在软木盘上的 70 个瓶子里面，有 3 瓶的尖端，固定着涂上蜜的小片厚纸板，五天后最后的统计显示：157 只蚂蚁中，有 104 只蚂蚁去了有蜜的瓶子那里，53 只则去了剩下没有蜜的 67 个瓶子那里。

但是，去了有蜜的瓶子那里的蚂蚁，是不是像大家所知道的，是在它们极端敏锐的嗅觉引导下，让它们闻到蜜的气味呢？有可能。

四

用触角发展出来的语言，一定是非常初步。因为，当它们用这种语言对话，无法了解意思的时候，就会诉诸实际示范或直接行动。

蚂蚁会勉强想要说服的对象，在它面前表演该走的路，该做的事情。而且，触角语言并不复杂，严格来讲，只不过是感觉的交换，最好的证据就是寄生昆虫（特别是与蚂蚁没有任何亲缘关系，却掠夺蚂蚁物资，在蚂蚁的庇荫下过着奢侈生活，会分泌乙醚的甲虫类），也说着与它们宿主大致相同的语言，也理解这种语言。

因此，这么容易就可以学会的语言，不需要太过重视。可是，就像前面提到的约翰·拉伯克的实际例子，显示出一种典型，也不能对这种语言能力给予太低的评价。

不管怎么说，沟通的问题在蚂蚁的社会中，也是很难看穿的问题之一。巢的建设、防御、工作的分配、军事行动、照顾幼虫、极度复杂的真菌栽培、家畜饲养、放牧，以及保护蚁巢，因为长长的叶子边缘会翘起，为了固定叶片来筑巢，编织蚁彼此间串联出“蚂蚁锁”，在这些状况下，蚂蚁全体一致快速的合作，值得称赞。如果我们不认为蚂蚁间可以相互理解、忠告、命令的交换、共同计划的执行，那么我们就无法解释以上这些事情如何完成。

可是，另一方面，为了取得物品，常常会失去统一，发生毫无利益的愚蠢骚动，令人惊异的莽撞，也令人怀疑它们的知能。

毫不松懈的长期实验的结果，让人无可挑剔的严格观察家可涅兹（V. Cornetz），做出了如下的结论：在蚂蚁的世界，没有所谓的互相帮助，它们不只不会彼此帮助，还会固执地妨碍对方。所谓“蚁巢的精神”，在巢外，至少在搬运麻烦的重物时，是完全没有发挥这种精神的。

只要观察蚂蚁巢四周发生的事情，就会同意他的结论了。

可是，蚂蚁又能保持一致合作，这也没有错。

我想，搬运某种物体的时候，蚂蚁一定是疯了。就像我们在看蚂蚁一样，从高处冷静观看我们的眼睛。在许多状况中，我们以为非常理所当然的事情，那双眼睛也会以为我们好像失去判断力、疯了似的感觉吧！若用这样的眼光来看，我们的行动，我们的文明中，一定有很多不可解、脱离常轨的事情。

而且，它们因为这些重物产生的狂乱，时间非常短暂。只要耐心继续观察，就会看到它们到达目的地，而且一定会把稻草片、木片或是太大的虫，搬进巢里面。在这种状况下，它们的不合理，与平常的它们不同，令观察者惊讶。可是，会不会蚂蚁也遭遇到，像我们面对大自然无法说明的陷阱或恶意时，一样的困难呢？

就跟其他许多不同次元的观察一样，从这些观察中，特别是以下这件事情，非常引人注意。集团中的蚂蚁，常常会发挥一种天才，可是，单独的时候，就没有受到集合灵魂的鼓吹，会失去其知能的四分之三。

我期待查明这个疑问，我以为拿到所有的数据之后，这就只是个小问题了，但是，其实不容易解决。因为我们感觉到，能够让这个疑问露出一点端倪，就跟发现隐藏在远方，伟大的神秘发现的曙光，是一样的骄傲。

五

关于互相合作的问题，让我想起蚁冢的道德问题。

初期的观察家，拉特雷优（P. A. Latreille）、路普杰（De S. F.

Lepeletier）、桑·法尔乔（Saint-Fargeau）认为，他们看过蚂蚁救助伤兵，照顾病人或受伤者，并帮它们疗伤。而更慎重的佛雷尔却提出，虽然看起来似乎对轻伤者表示关心，可是，重伤者却会被送到巢外，让它们自生自灭。

关于这一点，拉伯克（Sir J. Lubbock）进行过有体系的实验，他确认了以下的事情：工蚁在大部分的状况下，对同伴的不幸完全不关心，同伴掉入陷阱、溺水、被土沙埋住，即使只要一点点帮忙，就可以救它一命的状况下，也不会赶去救援。

在这类的行动里，蚂蚁跟我们很接近，一点都不关心别人的不幸，在这一点上面，就跟蜜蜂或白蚁差很多了。蜜蜂会把死掉的东西，毫无慈悲地丢到巢外，白蚁会立刻贪婪地吃掉。蚂蚁比这些食人种类要慎重，就算是尸体，它们也不会吃。

即使在蚂蚁巢里面，也跟在我们的社会生活里一样，有一些事情，会让人赞叹这个世界的博爱家们。就像在福音书中提到过的，在过往的人之中，仁慈心善的人（good Samaritan）会停下脚步。

人类社会与蚂蚁社会中，哪一个社会里的博爱家比较少呢？大家意见都不同。不管怎么样，似乎一定会发生这种状况。

可是，与其假设博爱是普遍的、是本能的，还不如说是极端异常的、例外的。因为，指导它们的有机法则只有一个，它们不用付出像在人类身上看到的那种努力，它们会下令要博爱，不可避免且无意识地学会博爱。

在这里，就不再提到那些研究蚂蚁的书里面到处都可以看到，大家都知道的事实了，提示几个例子就好。

没有触角，天生悲惨的小暗褐山蚁（Formica fusca），遭到异种族攻击的时候，同胞会把它搬回巢里。同伴会抚养无法起身、也无法进食的不幸蚂蚁。我们实验的牺牲品，醉倒的工蚁，会被同伴带走，收容在住所里面。不小心被踩扁的毛山蚁（Lasius）的蚁后，它的臣子们会花上好几个礼拜，持续照顾它，好像它还活着一样。

除此之外，皮耶·休伯温柔地说，他曾看过五六只工蚁，在女王尸体旁边，服侍了好几天，不断摸它、舔它。那是因为它们还保有对君主的一部分爱呢，或是它们希望经由它们的照顾，能够让君主复活呢？

看了不同的观察家，确实证实过的各个例子之后，蚁冢的小路上来往旅行的博爱家，比人类道路中最多博爱家往来的耶路撒冷还多。

但是，对这些事实，经过更严格的调查之后，那些没有触角的小暗褐山蚁（Formica fusca）、仰躺着的蚂蚁、醉倒的工蚁等等，如佛雷尔所说的，蚂蚁只对于那些对共同生活会再度有帮助的受伤者或病人表现关心。被踩扁的蚁后或皮耶·休伯所说的蚁后，停留在蚁后身边的侍从们，似乎只是因为要确认它的死亡，必须花很长的时间而已。

但是，接受以上的事实之后，试想想，如果是人类会怎么样呢？

拿掉人类世界，大自然中就连一点点什么慈爱、仁爱都不存在了。可是，人类的慈善，是来自于对未来生活，利己主义的投资吧！

就算是这样，我也不想责备人类。人类，甚至服从一滴一滴血刻出来的命令。而且，大部分的生物，除了蚂蚁、白蚁、蜜蜂的一部分之外，在存在期间，还呼吸着的时候，只有听命于可以让自己存活下去的这个至高的、普遍的法则，一切就不得不这样。

可是，对死后之生的信仰变弱以前，人类的慈悲要变化成遗传的习惯，需要时间，所以，变成一种奢侈的二次本能。发现这种二次本能的时候，是非常少的，但是，积蓄快要干涸的时候，我们到底会变成怎么样呢？彼此相爱，会暂时找到其他爱邻人超过爱自己的理由吗？

这是有可能的。因为每一件事都有目的地、有终点。可是，我们在追求这个理由之前，需要经过非常漫长的岁月吧！而且，可能在这之前，人类社会就会灭亡了，或者至少会受损到必须从头来过的程度。

如果蚂蚁不了解反刍的慈悲的话，它们就会很像不期待天国与地狱的人类了。可是，蚂蚁们具有反刍的慈悲，这也是它们的快乐；同时，自己也是其中一分子的集团、没有自己存在的集团、代表自己生命的扩大的集团，对这些集团的爱，形成了它们的基调。

这种感情与我们所说的慈悲之间，有多大的关系呢？当然，我们是无法了解的。

六

处理难解的问题之后，我们接下来着手处理一样不能太乐观的方位感觉的问题吧！

大家都知道，许多动物，特别是传信鸽或候鸟，都具有特殊的感觉。

传信鸽可以从远离数百公里的地方，回到原来的巢，而候鸟可以飞越大海，回到在其他大陆上它们栖息习惯的地点或巢。今天，认为这种感觉存在于耳朵里面的半规管（semicircular canals）中的看法，已经是确定的论点了。这种半规管，负责担任方向探测器的功能，似乎会去捕捉已知或未知的波长。

陆地动物，例如马之类的，或是像因纽特人或撒哈拉沙漠的游牧民族那样，某种人类似乎也被赋予了类似的感觉，但是不太发达。这要回归到半规管的作用了吗？

即使如此，或者应该归诸所谓的“爱克斯纳能力（Exner's faculty）”，也就是“位于身体的正中线上，某种空间位置感觉以及记忆力”呢？

这种能力听起来，像不像莫里哀（Moliere）① 戏剧中，鸦片的“催眠力”之类的呢？或者只不过是更单纯、无意识的视觉性、嗅觉性的记忆呢？或者有所谓的标志存在呢？或者还有一些我们没想到，必须是有能力之道的人，才能够解说的某种东西呢？

就算拥有半规管，我们还是无法轻易地走出这个迷宫。所以，我们还是放弃进入迷宫，只好只针对我们从蚂蚁的观察上学到的东西做点摘要，就够了。

蜜蜂或胡蜂的方向感，大家都认为几乎都局限在视觉上。可是，近乎瞎眼，视力无法超出三四厘米之外的蚂蚁，状况一定就不同了。

---

① 莫里哀（Moliere, 1622–1673），法国十七世纪古典主义喜剧的天才剧作家，原名哲安—巴普提斯·波克林（Jean-Baptiste Poquelin），是法国芭蕾舞喜剧的创始人。

拉伯克（Sir J. Lubbock）在巢的附近，进行缜密的实验结果，与一样状况下的我们相比，蚂蚁的眼睛使用机会极端的少。可是，在某个程度上，会由视力来引导。

另一方面，波涅（Charles Bonnet）、法布尔（J. H. Fabre）、布朗（Brun）、可涅兹（V. Cornetz），他们有时候切断蚂蚁的身体，或是把蚂蚁赶散，或是浸泡在水里，重复做多次消除气味的实验，结果得到以下的结论：在维持方向的功能上，嗅觉只担负着次要的角色。蚂蚁会在短暂的摸索之后，完美地将所有的“气味轨道”连接起来。

阿尔及利亚别具慧眼的观察家可涅兹最近的实验，是把没有旅行经验的蚂蚁从巢里面抓走，带到远处。这些蚂蚁会惊慌失措到处乱跑，无法回到巢里。

相反的，把装了食物的盘子放在巢外的蚂蚁面前，工蚁在填饱胃袋这段时期，实验者移动盘子，一下子朝着太阳，一下子背对着太阳，盘子已经从北到南，悄悄地转了半圈。结果，这些蚂蚁不会弄错北方，它们直接回到巢里。对于在它们不知道的时候，把方向倒过来的事情，它们毫不在意，蚂蚁会朝着正确方向前进。

重复做了好几个类似的实验之后，发现几乎无法误导蚂蚁。可涅兹从这里导出以下的公式：“归巢能力，是依据探测的去路，不是根据视觉、触觉或嗅觉的记忆。”

但是，还是有可能可以让蚂蚁迷路。例如，当蚂蚁由南向北要回去的路上，拿食物靠近，当蚂蚁在品尝食物的时候，让蚂蚁自已转半圈，转到跟巢相反的那一边。

于是，蚂蚁会把由南往北的方向，转回原来的位置，不断前进，完全没注意到已经走过自己的巢，还背对着巢，不断往北方前进。于是，最后就完全迷路了。

可是，到底谁会做这种恶魔似的陷阱，让它们掉进去呢？

七

这种能力的起因是什么呢？该如何说明呢？难题开始，难题不断重复，就是这里。

我不打算进入详细的理论，因为众说纷纭，错综复杂。而且，本来多多少少还可以把无知隐藏在巧妙的假面具之下，一详细谈这理论，反而宣告了自己的无知。

让蚂蚁想起巢的记忆要素，或是蚂蚁像是把巢放在背后似的，借由重新放好身体的轴，拥有想象出发点的能力等等，一样一样拿出来，这只是把问题变形而已。“归巢本能”等说法，只不过是语言游戏。或者，与某个轴成比例，一边衡量距离一边走，可是，到现在还没证据可以证明这个轴的存在。而且还主张，以太阳作为视觉基准的向日性或屈旋光性。即使是很不透明的物体，因为有放射线的存在，即使在没有直接晒到太阳的阴影下或黑暗中都可以使用。关于这一点，我们应该想到的，是蚂蚁也可以很敏感地感受到紫外线。

另一方面，哈伯（Rabaud）说：“往某个方向出发的蚂蚁，似乎从这个偏颇的事实，了解到自己的位置。”

这虽然回答了问题，却又有了其他的问题。

可涅兹将佛雷尔的“化学地形图”加以发展，认为这单纯是利用嗅觉而来的。

蚂蚁即使离开物体，还是感受到气味。例如，有凹凸的气味，也有三次元或四次元的气味。也就是说，它们可以知觉到气味这种东西，像立体的浮雕一样。因此，蚂蚁就拥有“气味构成的化学地形图”。于是，蚂蚁可以感受到远方散发出的气味，可以详细知觉到空间中，物体的形态。

而且，布维（E. L. Bunvier）补充说：“根据这种化学的地形感，它们认识到形态与形态间的关系、可以辨识一条路往返的足迹、右侧与左侧的不同。结果，就可以看出该走的方向。佛雷尔观察到的工蚁，即使在眼睛上面涂上不透明的漆，慌张了一下子之后，还是会找到正确的路。要是触觉被切断了，它们就会完全失去这种能力。在这个现象上，嗅觉担负着比视觉更重要的角色。”

八

为了不遗漏每个项目，所以，也不能忘了谈谈“内在记忆”。在这里，话题要再度回到半规管。但是，在蚂蚁小小的脑髓里面，似乎没有这种半规管。由触觉或可涅兹所说的“角度感觉”、波尼耶的“姿势感觉”取代了半规管，修正误差，让蚂蚁与原来的方向平行前进。

可是，这种感觉的本质到底是什么呢？我们不断遇到相同的疑问。我会这么说，是因为各种假设，总是从“追求这种感觉的本质”本身产生的。而且，根据可涅兹的观察，即使中断了蚂蚁的方位感的连续，它们还是可以保持不弄错方向，拉伯克的实验也证明了这一点。

而且，不能把皮耶隆的“肌肉记忆”给忘记了。也就是说，“从某一个地点走到其他地点时，这段行进运动产生的种种记忆，就是让人可以回到原来地点的复归性记忆”。

布朗曾经尝试皮耶隆的实验，结果，他说了以下的话：“蚂蚁的行动，就好像它们拥有罗盘，使它们绝对可以弄清楚旅行的方向；也好像拥有计步器，可以不断指示出，途中几个地点该走的距离。”

我自己也觉得，蚂蚁自己拥有可以指示巢的方向的罗盘，或是磁针。

会不会这种罗盘或是磁针，在巢里面的话会休息不动，磁气被拿掉，但是，到了旅行的时候，又再度装上磁气，出现超磁气的，或是拟似磁气的特性呢？

在这个与我们的世界差异如此之大的世界里面，这种我们甚至怀疑它是否存在，看不到的能力，没有人能够断言，这会不会是一种类似我们的磁气或电气的能力。

很明显的，以上谈到的事情，都是非常复杂的。不过，对蚂蚁来讲，恐怕是非常简单的事情吧！蚂蚁的器官，与我们的器官之间的类似，只不过是表面上的。

而且，这里还有问题，我们现在就好像正辛苦地在大海中游泳一样。即使看到以上的事情，在蚂蚁小小的生活的深处，是否埋藏着很不可思议的秘密呢？

第七章　畜　牧

为了寻找每天需要的蜜，一只蚂蚁到处走来走去，就在它偶然经过一团蚜虫身边的时候，一个新时代于焉展开。

一

今天，我们借由洞窟里面的遗迹，可以想象到原始人的生活。当我们说，比这些原始人更早上数千年的古代原始人，是没有家畜的，这个说法应该不过分。

他们以树根、野生水果、软体动物、猎物维生。经过几千年之后，经历了无数次尝试错误，重复了缓慢而模糊的反省之后，开始捕捉一些较温驯的野兽，驯养、围起畜牧的笼子，照顾动物，然后，才开始能够让这些动物提供乳、毛皮、肉。

从那时候开始，他们的生活变得较为稳定，不再需要过着每天疲累奔波的日子。他们在每天面临的死亡威胁与活命之间，找到了一种安全地带。于是，开始了畜牧时代，取代了不断受饥饿折磨的狩猎采集时代。

在某一种的蚂蚁进化中，也看到类似的发展阶段。

与其他那些为了生活，只会靠战争或狩猎，或抢劫、偷窃、采集等方法，每天去找一些不安定的猎物的大部分蚂蚁比起来，这些畜牧种的蚂蚁，智慧是进步的。

即使如此，是什么让它们注意到其他蚂蚁没注意到的点呢？只是幸福的偶然吗？它们是在什么时代，第一次产生这种想法呢？我们什么都不知道，不只是蚂蚁的历史，我们也一样不了解我们自己的历史。

我们在琥珀里面找到畜牧形式的许多蚂蚁标本，特别是毛山蚁属（Lasius）的蚂蚁，发现了一些它们饲养蚜虫的标本。因此，我们必须回溯到第三纪（Tertiary）以前，也就是比人类在地球出现，还早上几千年至几百万年以前。

从我们的世界里面发生的事情来想象，畜牧的发现，似乎是在某一天，偶然的机会中发生的。

为了寻找每天需要的蜜，一只蚂蚁到处走来走去，这时候，有一群蚜虫聚集在柔软鲜绿的树枝前端，蚂蚁碰巧经过它们身边。它碰到了甜美香醇的触角，它小小的脚被一种舒服而美味的露水弄湿。这份奇迹式的发现，这份礼物，是最美好的礼物。它立刻把社会胃塞满，满到快裂开了，才迅速回巢。

在巢里面，已经变成礼仪的反刍的痉挛与兴奋中，这个伟大的发现，保证了无限的丰富与喜悦的时代，回响渐渐扩大。挥动触角，商量对话之后，全部的蚂蚁排成长长的队伍，向惊异的泉源前进。

新时代开始了，它们虽然身在没有人会帮助它们的世界中，可是，它们已经不孤独了。

二

这个例子不是毫无可能的，但是，大部分的蚂蚁却没有仿效这个例子。那是因为种族、智慧、习惯、食物喜好的问题吧？

我们可以发现蚂蚁的心理、动物界里面的“世界灵”的思考与意志。

若以奴隶或共生者或联盟者的条件状况，让原本没有进行家畜饲育的蚂蚁种类，放入其他蚁巢成为畜牧种族的养子，其结果会怎么样呢？原本没有从事家畜畜牧的蚂蚁，是否会模仿从事家畜畜牧的蚂蚁，而参与家畜畜牧的工作呢？

可是，如果在参与之后，再将这两种种族完全拆开，又会怎么样呢？它们会像人类这样，采用它们新获得所了解的知识，决定比较有利的新方法吗？

在它们之中的其中一只产卵雌蚁，在建设新聚落的时候，它的孩子们会前往产蜜的蚜虫那里采集食物吗？

同样的实验，也可以在随后将谈到的真菌栽培蚁或编织蚁身上进行尝试。栽培蚁的奴隶或成为同盟者的养女，会开始栽培真菌吗？编织蚁的共产者被独立出来之后，是否会注意到，以前在它们面前操纵的那种奇妙的“梭”[①]，自己也可以加以利用吗？

这些实验一直都很盛行，可是，到现在还没尝试过的东西还有很多。因为未知的领域无止无尽，今后，我们还是会常常对我们的无知，感到很沉痛吧！

---

① 编织蚁会利用会吐丝的末龄幼虫来从事筑巢的工作，以幼虫吐出来的丝黏住叶片筑巢。而编织蚁成虫含着末龄幼虫的模样，看起来有如拿着织布机上的梭一般。

三

不管怎么说，就像我们至今了解到的，所有的蚂蚁并不满足于将自己偶然的大发现，直接机械性地利用。

有的蚂蚁会跟人类一样，巧妙地改良大发现。它们首先确信，在巢的四周吃草的家畜类是它们的财产。它们也知道要聚集这些家畜，把这些家畜围起来，照顾这些家畜，然后，定期去挤奶。

与其说是挤，不如说是爱抚，以得到更多甜美的排泄物。而且，所谓的挤奶，不是从乳房挤奶，说起来不太诗意，因为，是促进肛门的分泌作用，让肛门更容易分泌。它们会选择家畜，从同样的小动物中，选择一个小时会滴出二十到四十滴甜美蜜汁的小动物。一边详细分配，一边忙碌不休地在巢与蚜虫群中往返。

就像诺曼底地区的牧人，在农园与牧场之间来往一样，畜牧蚁中比较还没开化的，会在家畜四周警戒着，挥动它们的大夹子，威胁恐吓那些来偷蜜的人。为了取得自然资源，为了生存而展开的战斗，就跟我们的世界一样，不屈不挠、热心，它们战斗的历史，也比我们更加古老。

另一方面，更现实利益的蚂蚁，例如我们的黑毛山蚁（Lasius niger）为了防止家畜逃亡，并且可以轻松管理，想到可以切断家畜的翅膀，或者是用栅栏把家畜围起来，设置有山脊的路，准备下雨时的避难所。

另外，像美国的多毛举尾家蚁（Crenastoguster pilosa），为了保护蚜虫免受最喜欢蚜虫的五彩瓢虫幼虫的危害，有的还会制造如厚纸板似的笼子。

如果是更小心的蚂蚁，会在巢里面建造家畜畜舍，把蚜虫养在这里。

遮阴毛山蚁（Lasiua umbratas）则更进一步。这种蚂蚁跟白蚁一样怕光，白天几乎不到外面来。可是，它们发现了一种蚜虫，跟它们有一样的喜好，都是只靠某种草或树根维生。它们配合需要，在地底下挖掘隧道，走到很远去找这些根，然后运送到装设在巢内的小屋子里，在黑暗中，一起过着幸福的生活。

还有更令人惊讶的事情，这是皮耶·休伯首先注意到的，后来经过摩威尔可（A. Mordwilko）、维普斯达（F. M. Webster）等人确认，黄色山蚁（Lasius flavus）会收集蚜虫的卵，养育它们的子孙，遇到灾难的时候，它们不只救出自己的子孙，也会尽全力去救蚜虫的孩子们。

四

蚂蚁的家畜不只是蚜虫或介壳虫，某种会跳的小昆虫，也被当作家畜。只是单纯地条列出这些昆虫，略嫌说明不足，因为，有几种蚂蚁利用会分泌蜜的毛毛虫——这种毛毛虫主要是一种小灰蝶科（Lycaeneidae）的幼虫，蚂蚁会向它们抽取蜜。

对它们来讲，这种幼虫简直相当于一匹巨大而奇怪的马，它们跨坐在这种幼虫身上，然后，当这个虚构而笨拙的妖虫，优哉地吃东西时，蚂蚁就用触角爱抚着它的腹部，这个腹部会排泄出蚂蚁喜欢的甘露。有时候寄生虫会个别或排队，来接近这匹马，蚂蚁甚至会与人类对抗，热心警戒保护这些寄生虫。

根据威利夫人（Mrs. Willy）的观察，在印度的雨季来临以前，蚂蚁们会出发寻找未来将变成美丽的蓝色蝴蝶的毛毛虫，带回数百只那种毛毛虫，让毛毛虫住在它们地下室的大厅里面，在那里守护着蛹漫长的沉睡。简直就像在了解变态的神秘一样，帮忙脱皮，照顾它们直到完全成虫。

某些蚂蚁学者们认为这些都是偶然产生的，也是起始于幸运的偶然，然后慢慢变形形成的。出发探险，寻找猎物的蚂蚁，碰巧遇到蚜虫，被甜美的气味吸引，不客气地碰触蚜虫，尝到味道，了解了美味。蚂蚁再度回来的时候，同伴们跟着模仿，这种风气于是扩展开来，确定了习俗，最后变成本能。

我们可以完全拥护这种想法。

的确，在未知的领域里面，什么都可以说。可是，说，是需要勇气的。而且，究竟其他还有什么，使我们可以抵抗这种解释的吗？

第八章　真菌栽培蚁

未来都市的创设者，出发婚飞的时候，携带了维系的菌线块一起走，在自己的房间播种栽培。

一

在这一章中，蚂蚁将遇到白蚁。

大家都知道，白蚁只吃纤维素维生，但是，却无法消化纤维素，因此，事先要请栖息于白蚁肠内的数百万只原生动物，对纤维素做预备性消化。或者是，委托在巧妙调和的混合肥料的泥土上，播下胞子，栽培出来的小真菌。它们在巢的中央，大量栽培小心选出来的菌种，就像食用菌专家，在巴黎郊外的旧矿场栽培食用菌一样。

在地质学上，蚂蚁在地球出现的年代，比白蚁更晚。它们是从白蚁身上，得到真菌栽培的点子吗？很有可能是蚂蚁在入侵族群虚弱，防备不够的白蚁巢的时候，发现了开发先进的真菌栽培场。

蚂蚁虽然不是自己创造真菌栽培，可是，至少它们明白真菌栽培的优点吧！而且，蚂蚁并不需要原生动物或真菌来消化食物，所以，跟白蚁比起来，光是这一点，它们就处于绝佳的优势了吧？

也就是说，它们将知性能力的活动推动到极限，完成了接近于不可能的奇迹。它们会这样做，不是为了生存的需要，而是为了能够确保在地下都市的中心，能够经常有丰富、卫生，而且新鲜的食物，只是一种实用性的手段而已。

不管怎么说，真菌栽培蚁跟白蚁是不同的，我们先谈它们栽培菌种这件事情。白蚁栽培的是伞菌（Agaric）与炭角菌（Xylaria），但在蚂蚁的巢里面，没发现这些真菌种类。因此，蚂蚁在苗床上播种的胞子，可以确定不是从白蚁巢拿来的。

二

欧洲没有真菌栽培蚁，只有在美国的热带地区发现过。

在贝尔特（T. Belt）、摩拉（A. Möller）、佛雷尔、桑派欧（A. G. Sampaio de Azevedo）最近的研究，以及最近雅各布·休伯（Jacob Huber）或葛尔帝（E. A. Goeldi）这几年来的发现之前，我们都不知道这些蚂蚁会栽培真菌。

第一个观察到真菌栽培蚁的麦克·库克（H. McCook）认为，蚂蚁只是摘下某种树木的叶子，只关心要去截断树叶而已。因此，四十年前的研究书，特别是爱尔涅斯特·安德雷（Ernest André）的优秀著作中，也还称这些蚂蚁为切叶蚁（Leaf-cutting ant）、访问蚁（Visiting ant）、木薯蚁（Manioc ant）、阳伞蚁（Parasol ant）、沙巫巴（Saüba）[①]。

真菌栽培蚁属于切叶家蚁族（Attini）的一些种类，是一种

① 印度神话故事中，出现在天空的都市。

脚很长的大蚂蚁，形状上具有明显的多样性，聪明、食量大。因为它们经历了特殊进化，所以，可能是旧大陆与新大陆分开的大变动之前，欧洲种蚂蚁移居到变动后，变成美洲大陆地区，后来延续下来的子孙吧！

它们只以自己栽培的真菌当食物，因此，它们的生活与地底农园紧密结合。另一方面，它们的真菌，也就是 Rhozites gongylophora，至少，在菌丝前端，产生的一种特殊的球状菌丝“可尔拉比斯（kohlrabis）”，若没有蚂蚁介入，就无法生产出来。

未来的都市创设者，新生成的蚁后在出发婚飞的时候，会以微细的菌丝块的形式，携带一片上面布满菌丝的胚土出发，将来将在自己的房间播种、栽培。后面也会提到，蚁后一开始会把自己的身体分解出的营养，分给这些真菌，来供养这些真菌，也就是说，装在肚子里面的所有东西，以及非常强韧却一点一滴消失的肌肉，以及结婚后剥落的翅膀，用这些来供养真菌生长。

三

切叶蚁（Atta）的蚂蚁巢里面，会有三种形式的工蚁。体长超过 16 毫米的巨大工蚁，它们完全不出去，负责警戒入口，中等大小的工蚁，把叶子切下来，雕刻、分类，然后放进仓库。更小的蚂蚁总是留在巢里，播种胞子、堆肥、制作真菌的苗床。

这种混合肥料其实是很费工夫的。它们要咀嚼、揉捏、固定这些泥土，必须要借助它们的排泄物、淀粉质的物质或芋头树果实的力量，促进发酵，做成腐叶土。

读者是否曾栽培过食用 Volvaria eurhiza 呢？这与真菌栽培

指引小册子的主张相反，不像想象中的容易。

根据这些指引，要铺上给马睡觉用的干草，将菌丝插进里面，几天后，就好像等待魔法师暗号的地底妖精一样，到处都冒出小小白色的头。可是，十次里面，会有五六次什么都没有。

干草不够熟吗？温度太高吗？菌丝太嫩吗？太老了吗？产生二次发酵了吗？是因为暴风雨，使得孢子不能用了吗？

也就是说，必须累积许多经验、观察、反省、找出不成功的原因、渐进式的改良、温度、水气或光、换气等研究之后，才能够执行成功。

比起我们食用的大而强壮的菌类，它们栽培的隐花植物很小，非常脆弱，因此，我们就觉得这些隐花植物栽培起来很容易，并没有那么困难吗？

有一位德国蚂蚁学者，阿尔福雷德·摩耶拉（A. Möller），提供给我们一项针对巴西赤道地区的拟切叶家蚁（Acromyrmex），所做的观察很有意思。根据他的研究，即使同样是真菌栽培蚁，也会因为种类的不同，而有各自不同的栽培方法。我们从他的观察中可以了解到，真菌栽培这种行为，不是单纯的本能，也不是机械性的。

抵达巢的切叶蚁，其中一种会把大颚当作剪刀一样地使用。首先，它们会把叶子切下一片跟它们的头一样大的碎片，接着开始又揉又磨的，把叶子弄软，形成一个球状。

然后，用脚与头，把这个球状叶子塞进适当的地点。几个小时后，会长出白色菌丝，下午就会把早上放置的小球四周都覆盖住。

可是，这种细长菌丝或孢子，都不会当作食物，被称为“可尔拉比斯”的小球状团块，才会被当做食物，这是只有靠着蚂蚁的栽培，才能生产出来的独特物品。

要取得这种产物，最重要的，是要防止菌丝的过度繁殖。因此，比较小的工蚁必须不断消除菌丝。有时候，工蚁的数量不够，也会无法抵抗菌丝泛滥的侵略。这么一来，为了在窒息之前，逃离菌丝的灾难，它们必须带着幼虫，逃到森林里。

蚂蚁逃出去之后，“可尔拉比斯”会遭到破坏而消灭，特制的真菌栽培地，就会变成自然野生的真菌繁殖地。这就跟被弃置的庭园里面，因为杂草丛生，把原本栽培的花吞没一样。

看到这里，大家应该可以了解，蚂蚁的真菌栽培，就跟人类栽培伟大园艺师的胜利产物——大朵的菊花，或某种兰花栽培，是一样的，都是复杂且需要知识的。所以，怎么可以因为这是昆虫做的，就认为与发明、经验、理解力、理性、知性等毫无关系呢？

四

有的人提出相反的论点，认为这只不过是透过本能，在种的里面特定的习性而已。在这方面，我认为不应该同意这种说法。

就算是习性，也一定是在某一天，因为某种有意识的行为才开始的，然后渐渐形成所谓的习性。

例如，肥料的经验，我推测，不管是人类或蚂蚁，都不可能天生就能够确认“肥料可以促进植物的生长”这种事情。

也有人说，蚂蚁随地到处排泄，因此而碰巧的，对它们的栽培形成有利的状况。但是，这种说法是错的。

真菌栽培蚁跟其他的蚂蚁一样，它们会小心谨慎地把不需要的尘埃、所有的脏东西，都搬到巢外。再也没有其他的昆虫，像它们那样爱干净，把地下都市整顿得这么好了。所以，它们在这里进行的事情，是有意识的、计划性的工作。

雅各布·休伯博士（J. Huber）拍摄到的现场照片，明显地显示出一只切叶蚁，在前脚之间，抓着一根菌丝的片段，带到腹部的前端去。事先弯曲的腹部，排放出一滴分泌物，立刻就被真菌的菌丝吸收。

雅各布·休伯（J. Huber）说，他观察到蚂蚁的这项工作，在一个小时里面，重复了一两次。

说到真相（对于蚂蚁的许多行为，都可以用相同的话来说），人类因为知性或道德性的性质，对某种灵的重要性、在宇宙中某种例外的角色、某种不死性，抱着漠然而巨大的希望。

我们不愿意承认，在这个地表上，除了人类之外，还有其他的生物，也怀抱着相同的希望。我们相信，只有我们才是万物之灵的这种特权，它们也可以拥有，这一点震撼了我们数千年来的幻想，侮辱了我们，打击了我们的勇气。

蚂蚁出生、生活，尽了它朴素的义务，然后，不留下任何痕迹，也没有人看顾它，只是为了达到“死”这个目的。我们看见，数千万只蚂蚁消灭了。我们不愿意承认，在我们身上发生的事情，也是一样的。我们比较想说，它们根本就是愚蠢的、靠本能的、无法随心所欲的、无意识的。

可是，总有一天我们会知道，就像跟我们一起生活在这个地球上的所有生物从过去到现在所做的一样，有一天，我们也必须臣服于生物的宿命。这才是生物最终的理想吧！

当我们确实了解这一点的时候，恐怕我们会很深切地感受到，不只是人类，所有的生命，都是一样伟大的、毫不虚假的。

五

切叶蚁族（Attini）居住在很大的联合蚁巢里面。根据佛雷尔在哥伦比亚的研究，这种巢的主要部分直径约有五六米，高有三英尺。这种巢建在土堆的旁边，四周会有附带性的住所，设置在距离主屋约二百、三百步远的地方，包围着巢。

蚂蚁强而有力的侵略方法，足以与白蚁巢匹敌。如果不是热带植物茂盛繁殖的地方，事实上，连人类的都市都会归于荒废。

受到它们攻击的树消失了。从叶柄被切下来的所有叶子，掉落到根部，由在下面的其他蚂蚁接住，当场切成可以搬运的大小。蚂蚁们躲在叶片下面（洋伞蚁这个名字，就是从这里来的），排成绵延的长队伍，运送回巢。一个小时内，就可以全部结束，被拔掉叶子的树化成骸骨。

接着，蚂蚁转移到隔壁的树上，这棵树也遭到相同的命运。收进巢里的树叶，会被切得更细，经过复杂的加工过程，变成地下农园的苗床。

如果，把这座菜园扩大成人类的比例的话，恐怕再也找不到这么像仙境的东西了。就像我在加州的朋友家里看到的一样，想象一下，在显微镜底下，出现的是一片海底或月世界的景象。那幅景象带着略蓝的背景，里面充满了球状的东西或是弯弯曲曲的植物、不动的白色火堆、漂流的羊毛屋、纯白羽毛般的海绵、混乱而血气尽失的幼虫、铅色的网、时时刻刻都在增加的半透明卵，聚集如星云般茂盛的小树枝。

最后，我想说的是，阿根廷的珍贵切叶蚁之一，最近由布宜诺斯艾利斯的卡尔罗斯·布鲁克博士（Carlos Bruch）研究的一种切叶蚁（Atta vollenweideri 渥伦切叶家蚁）。

这种蚂蚁不会在地下巢的深处栽培真菌，会在有外面空气的巢的表面栽培。它们唯一的营养来源，就是巨大的真菌 Locellina mazzuchi，这种隐花植物的伞，直径达 30 到 40 厘米，重达三千克，只有在这种蚂蚁巢上面才会发现这种真菌。

类似的另一种真菌 Poroniopsis bruchi 没有上述那一种大，只会出现在另一种以此为食的黑格拟切叶家蚁属（Acromyrmex hegeri）的巢的表面上。

两者偶然的一致性，使人很难否认它们的行为是有意识的，有智慧的意图吧！

六

真菌栽培蚁的都市建设充满了危险，与欧洲蚂蚁蚁巢的建设一样困难，不仅是悲壮，而且，因为无法脱离真菌的栽培，由于这一层关系，使得建设起来更加复杂。

雅各布·休伯（J. Huber）与葛尔帝教授（Prof. A. E. Goeldi）针对这一点，补充摩拉（A. Möller）的研究，完成了他们的观察。他们观察的对象，是切叶蚁中的一种 Atta sexdens（六孔切叶家蚁）。

这种真菌栽培蚁刚刚交尾后的蚁后，一旦定居在地底的小小居所中，就会立刻吐出菌丝球，用我们已经叙述过的方法，忙着给予真菌营养。几天后，球开始活动，到处都是菌丝，会冒出轻飘飘的白色细毛。真菌的苗床如火如荼，迅速扩展。

蚁后将第一个卵，会被放在这个苗床上。从这一瞬间开始，工蚁出现，直到成形这段时间，蚁后、幼虫、蛹、菌丝球，以及卵本身，都会把卵当作唯一的食物。这是不可避免，彻底而完全的卵食生活。

“可尔拉比斯”，也就是经由第一只工蚁，栽培出来的菌丝体的球块，开始真正被消耗以前，蚁后会每个小时产出两个卵，总计会产出 2000 个卵。其中，有 1800 个卵会作为全体的营养摄取源①。这段时期，蚁后的食物，只有自己产的卵，没有别的东西。幼虫或蛹就更不用说了，它连“可尔拉比斯”或菌丝体，都不能碰。

从无到有，这一切真正的意义，所谓创造的神秘，到底是什么呢？自己只吃 200 到 300 个卵，但是，蚁后究竟是从哪里取得制造卵的原料呢？而且，生了两千多个卵，相当于自己全身的体重。把空间填满，足以与永久运动匹敌的这种异常的繁殖之谜，究竟是什么？

蚁后的外在，是否有什么未知的东西，在维持并扩大它的生命呢？这种现象，只会出现在昆虫世界中。

面对这种无可怀疑的神秘，我们该去哪里寻找解释呢？目前，还没有人发现如何解释。

---

① 在蚁后所产的卵中，若在食物缺乏的时候，有些卵会被蚁后、幼虫或是工蚁吃掉，当作营养来源，这些卵被称为“营养卵”。

第九章　农业蚁

晋升到储藏蚁这么不舒服，且这么不好的任务，到底有什么好处呢？是因为反刍的快乐吗？或是异样的愚蠢呢？或是为了满足无止境的虚荣心呢？

一

谈完地底的真菌栽培蚁，接下来可别忘了野外的园艺家。

这是一类很小的蚂蚁，有五六种，不过，就别再把那些复杂的学名一一列举出来了。它们主要栖息于亚马孙河流域，在树枝之间，建造如球一样的圆形巢。因为这里的热带雨林里生长着许多附生植物而闻名，这种植物从外表看起来，很像寄生植物，是兰科的小植物。

根据专门研究的乌雷（E. Ule）说，这种蚂蚁巢就像开了花的海绵一样。他认为这种植物的种子，不是经由风或鸟来搬运的。理由是，这种庭园常常都是建造在没有这种着生植物的地方，而且，这种着生植物只会在这些蚂蚁制造出来的腐殖土上繁殖，别的地方都不会长。另外的证据，就是从它们喜欢的这种植物采来果实，然后送给这些蚂蚁之后，它们会吸掉果实的汁，再小心地把种子种在土里。

它们栽培这种植物的目的，不是为了欣赏这种植物的花，而是为了利用寄生的附生植物交缠的毛根，强化固定居所。所幸它们用来当作居所的土球，黏着力非常强，非常坚固，所以，即使遇到热带的豪雨，或是赤道地区炙热的阳光，也都可以撑得过去。不过，这些问题其实还是有些争论的地方，还必须等待更进一步的观察。

二

真正的农业蚁，被误称为播种蚁，其实它们是从事割草的蚂蚁。德州的土栖毛收割家蚁（Pogonomyrmex molefaciens）以及墨西哥的须毛收割家蚁（Pogonomyrmex barbatus）都属于这一类。

我从新奥尔良前往洛杉矶的途中，在豪斯顿附近，某日午后散步时，发现了这种蚂蚁的巢，非常佩服。但是，可不能不小心弄乱了这个巢，因为，它们会从它们身上装备的毒针射出毒液。这种毒不是蚁酸，到现在还不太清楚是什么毒，被刺到会非常痛。

它们费尽苦心割着在巢四周生长非常茂盛的草，努力开垦，在巢的四周建造圆形空地。然后，从这个圆形空地开始，以放射线状铺设盖得很好的道路，在空地上，只栽培一种禾本科的植物 Arista oligantha，俗称蚂蚁稻或针草。

最近观察这种蚂蚁的林斯肯（G. Lincecum）说，它们会播种禾本科植物。但是，后来麦克·库克做过研究，认为这些蚂蚁不是播种，它们只是在它们喜欢的谷物四周割掉其他植物就满足了。

它们是真正的开拓者、园艺家、农夫，特别是很优秀的樵夫。因为这些亚热带的大草，对这种小昆虫来讲，相当于巨大的树木，它们锯着草的根部，把草砍倒。

麦克·库克的说法，后来由惠勒做了确认。惠勒在德州住了四年，观察这种蚂蚁如何决定居所，有机会发现误解的原因。

阿尔及利亚或法国南部的收获蚁，会去防止储存的谷物发芽，或延迟谷物的发芽，但是，似乎不会像土栖毛收割家蚁（P. molefaciens）那么小心。一旦连续几天下雨，仓库内的谷物就会开始发芽，侵略巢，会有让蚂蚁窒息的危险。它们慌忙将这些已经没有用的谷物，搬运到四周的开垦地去。于是，谷物就会在那里生根，形成稻田。这让初期的探险家感到迷惑。

三

我们可以联想到另一种蚂蚁，它们与这种农业蚁有关，不从事栽培，只从事收获与收纳。

在有点寒冷的土地上的蚂蚁，与一般人相信的相反，它们不为冬天储存食物。冬天的时候，它们会在巢里面睡觉度过，一直睡到春天来临，等到可以到户外寻找生活必需的食物时才醒来。

不过，栖息于较热地区的蚂蚁，冬天虽然不太严酷，可是，它们不是生产性的，它们不冬眠，必须为将来做准备。

这一类的蚂蚁之中，最有名、最常被拿来做研究的，是栖息于法国南部的原生收割家蚁（Messor barbarus）。这种蚂蚁在阿尔及利亚特别多，是摩古利（J. T. Moggridge）、艾叙利（K.

Escherieh)、阿瑟·布朗(Arthur Brauns)、可涅兹(V. Cornetz)等人的研究对象。

这种体型巨大的蚂蚁，会在地上捡拾各种植物的谷粒，或是直接从茎上面摘取，用它们成剪刀形的大颚，把谷粒剪碎，储存在地底。在巢的入口处，会进行严格的检查。要是有新蚁或见习者，将小石头的碎片或瓷器的碎片，或是无法食用的种子，不小心搬进来的话，就会被责骂，要求它们把这些东西搬出去丢。

在这里就不谈要把太大的稻谷或躺在地上的稻子，搬进巢的走廊时，演出的那幕戏了。因为这场戏，在夏季的圣拉法艾与曼顿之间，都很容易发现这个场景，而且，只要转换成人类的比例，加以想象的话，那光景其实与在蔚蓝海岸看到的场面，没什么差异。

这些谷物，会收集存放在米仓里，这个地方比蚁巢的其他部分建造得更用心，并且会做有系统的分类。可是，在湿气重的雨季期间，蚂蚁如何防止这些收获物发芽呢？这是蚂蚁学者还没有完全解决的问题。

有人认为，蚂蚁会配合需要，在巢靠近表面的地方，设置某种干燥场，然后把谷类搬运到干燥场。

其他学者固执地认为，蚂蚁在谷物上面做了某种特殊处理，可以抑止发芽，却不破坏谷物的发芽能力。因此，如果拿到蚁巢外面去播种的话，还是可以正常发芽。

另外还有一种说法，认为它们只不过是当毛根长出来时，就把毛根咬掉而已。

不管是哪一种说法，蚂蚁都不是直接吃种子，它们是把种子弄碎、柔捏，变成半液状的粥之后，才拿来吃的。大概那些拥有大头或强壮大颚的兵蚁，就负责制造这种面包了。

关于这一点，必须提出的报告，是大头家蚁属（Pheidole）的收获蚁的残忍性格。它们非常忘恩负义，在白蚁或蜜蜂社会中，虽然这是很普通的事情，可是，在蚂蚁的世界里面，完全是个例外。

冬天一结束，不再需要可怜的面包工人了，这时候，都市的枢密院就会下达命令，要把它们的头切下来，丢到户外。然后，到下一个春天，会向生殖雌蚁下令，生产继任的面包工人。

四

正确地说，所谓的编织蚁，比农业蚁更像是林业蚁。它们占有出类拔萃的地位，它们的技术以及产业已经达到巅峰了。说是被发现，更正确地说，是知道它们是编织蚁，那是三十年前的事情了。

编叶山蚁属（Oecophyllas）与棘山蚁属（Polyrhachis）栖息于亚洲、非洲、澳洲的热带地区。最近才确认，巴西的巨山蚁属的其中一种古巨山蚁（Camponotus senex）也是用同样的方法，编织出它的巢。特别是在印度支那半岛，那里的原住民非常尊敬编织蚁，它们受到慎重的保护。因为，它们会驱除各种寄生虫，保护植物不受害。

布尼恩（M. E. Bugnion）、德芙莲（F. Doflein）、多德（F. P. Dodd）、卡尔・夫里德希（Karl Friedrichs）、葛尔帝（E. A. Goeldi）以及其他许多人，都在研究编织蚁。

为了建设巢，它们会先去找来两三片的长叶子，并且把这些叶子接合在一起。根据多德的观察，它们会配合需要，几百只的蚂蚁排列在一片叶子的边缘，用它们的大颚，一起尝试去抓住隔壁的叶子。

如果它们无法直接接触到隔壁的叶子时，它们会紧紧抓住彼此的胸部与腹部之间，当作锁链或是桥，把叶子拉过来，直到前端的蚂蚁抵达其他的叶子为止。当它们判断，两片叶子的边缘大概已经互相接触到了，或至少已经靠近到适当距离了，接下来就必须把这两片叶子固定起来。

到了这个时候，编织工人就会参与工作。它们的大颚之间，会抱着一只要织茧的幼虫。为了提供给公共之用，幼虫会被拉走，离开自我本位所关心的事情。编织蚁的幼虫与蛹，将会被征召来建造巢，把所有可以用的线，一丝不剩地用来建巢。它们总是赤裸的，使用它们的器官分泌出有黏性的线，编织工通过它们的活梭，穿过，再穿回来，缝合两片叶子的边缘。编织工们会一直衔着幼虫，在整片叶子的边缘，做相同的工作。

于是，这份工作会一直持续下去，直到织出一个用线做的柱子与墙壁，隔出无数个房间的巨大的茧，这个茧就是他们的巢。

五

于是，在动物世界中，第一次出现道具的使用。昆虫的世界或动物的世界中，即使是在最高等级的哺乳动物的世界里面，也找不到这种例子。

常常可以看到被锁链铐住的猿，为了去拿放在手够不到的距离的香蕉或核桃，会使用棒子。可是，这让人觉得很不确定，而且，只是一种偶然的性起，并不是从头到尾一致的行动。所以，这种偶然发生的行为，跟使用梭或纺锤的组织性、深思熟虑的使用，是不能相提并论的。

即使在其他蚂蚁的领域中，也没有蚂蚁能够踏入这里一步。它们事实上已经突破或超越了不可侵犯的境界，就像火的境界一样。

在我们的家畜中，即使是最有知性的家畜，虽然每天都从某种重要的想法旁边经过，可是，却是毫无知觉地就经过了，这让我们感到惊讶。可是，从其他知性体的眼光来看，许多就像使用道具一样单纯而初步的想法，谁又能说，我们会不会也照样若无知觉的，从这些想法身边走过呢？我们会不会一直都在这些想法旁边，却没发现呢？就好像孩子们在玩寻宝游戏的时候，说“很近、还差一点点”一样。

蚂蚁已经前进到很远的地方了吗？从化石时代到今天，对蚂蚁进化的研究，无法确定这个答案。但是，虽然不能说是危险，至少我们不得不面对的阴暗影子，很难讲不会在这方面出现。可是，因为它们的步伐非常慢，所以，等它们威胁到我们的时候，可能我们已经不存在了。

我会这么说，是因为所有的事情都显示着一种前兆，也就是说，最晚来到地球的人类，可能会最早离开地球，消失到不知名的地方。

六

在上一章我曾略微提到过的蜜蚁、酒瓶蚁、糖果蚁、储藏蚁等称呼的蚂蚁，正式的昆虫学里面，有一个很难发音、很难记忆的名字，是 Myrmicocystus melliger，也就是蜜瓶家蚁。

我们对这种蚂蚁所知的一切，几乎都是来自麦克·库克大师。

与真菌栽培蚁一样，这种蚂蚁也喜欢热的地方。但是，大自然在其他气候的地区，也制造了另一种蚂蚁，可以视为是这种蚂蚁的先驱形态，或是仿造品。特别是在干燥的地区，有栽培葡萄的蚂蚁，不过，它们还没学会制造瓶子，以储存液体的粮食。

麦克·库克在科罗拉多州的 Hortus Deorum，也就是被称为神之花园的地点，进行这种蚂蚁的研究。

它们只吃特殊的柏树上虫瘿流出来的蜜为生，它们会一直把蜜喝进去，一直喝到自己腹部的容积，膨胀到三四倍为止。可以喝到容积达五六倍的蚂蚁，就会晋升到储藏蚁阶级的地位。

回到巢里之后，这些储藏蚁会被塞更多，最后会达到正常体重的八倍。然后，蚁巢里会有十到二十间，镶刻在沙岩之中的蜜屋，它们会用前脚抓住蜜屋的天花板，挂在那里一直到死，或者是到死后两三天，钩手才终于松下来。

晋升到储藏蚁这么不舒服，且这么不好的任务，到底有什么好处呢?

是因为反刍的快乐吗?或是异样的愚蠢呢?或是为了满足无止境的虚荣心呢?

在我们的世界，认为不可能的事情，在蚂蚁的世界，却不一定是不可能的。这种蚂蚁的体长一般是五六厘米，可是，一旦身体膨胀到快裂开的时候，就会呈半透明，变成像一颗葡萄子那样的大小。这种蚂蚁蕴含的蜜，似乎很美味，所以当地的居民都很热心搜寻这种蚂蚁。

麦克·库克研究的蚁巢，包括走廊或仓库或彼此重叠的回廊在内，占深约三米，高约一米，宽约五十厘米的空间。整个巢都是在坚硬的红色沙岩中挖出来的，虽然脆弱，却比腐殖土坚硬多了。在这个蚁冢里面，有十间蜜屋，每一个蜜屋挂着约三十个左右的活储存袋。

如果一个不小心，其中一个轻气球松掉，掉到地面上裂开的话，憔悴消瘦的蚂蚁们就会立刻蜂拥而来，瓜分这些甜美的蜜汁。

如果掉下来没有破掉的话，这只蚂蚁也无法再爬起来，更不可能再度爬到小屋天花板上原来的位置了。尽管有蜜的诱惑，可是，却没有任何一只蚂蚁去碰它，也没有任何一只蚂蚁去救它。于是，它的脚绝望地在空中挣扎，几个月后在原地死去。

当它死掉的时候，消瘦的蚂蚁会把尸体的胸部与腹部切开，它们不会用大颚去碰触，这是亵渎的事情，它们会把尸体搬运到都市外面，放在当作墓地的地方，丢在那里就离开了。

在这里，就可以看出它们的风俗。我不觉得它们的习俗，会比月世界的人或是参宿四星（Betelgeuse）[①] 外星人的习俗，更

---

① 参宿四星（Betelgeuse），它的英文发音有点像 beetle juice（甲虫汁），它是一颗与地球相距 600 光年的超巨星。参宿四又称为猎户座的首星，是大家所熟悉的猎户座中最亮的几颗星之中的一颗。Betelgeuse 这个名字是阿拉伯人所取的。

令人惊讶或难以理解。

就跟其他众多状况一样，在这里，我们也不需要了解真相，更不需要有一点点悲观。

我们不管到了什么时候，都只是刹那间的玩具，不能奢望绝对。我们只能了解已经了解的事情，要弄清楚其他剩余的部分，还需要数千年或数百万年的时间。可是，有更多问题比这个问题更紧急，一切都是有关联的，不管是回答多细微的问题，若是一个毋庸置疑的答案，就算答案是来自心宿二星（Antares）[①]，或是来自白矮星，或是来自蚁冢，都与我们身边的一切事物有关，不是吗？

七

在编织蚁与储藏蚁这一章结尾的部分，我们来稍微提一下，还没谈到过的几样小工作。

在蚁巢里面，它们的劳动以非常沉着冷静、很有体系的方式进行着，通常我们无法从巢的表面看到的混乱骚动中，想象出那种沉着冷静的模样。而且，这些骚动中，十之八九都是因为我们这些会威胁到它们的大变动的存在，或是我们随时的介入，我们轻率的行为。

在地底下阴暗的回廊中，蚂蚁们各自做着各自的工作，正确完成自己该做的事情，专心工作。

① 心宿二星（Antares）是天蝎座中的主星，它可说是天蝎座的心脏，其红色的光芒给人强烈的印象。Antares 是拉丁文，意思是“火星之敌”。

一脱壳，蛹变成了蚂蚁，用它还很软的脚，摇摇晃晃地跑到卵、幼虫或蛹那里，养育它们，转动身体、移动、摩擦、梳理，经常保持清洁。

蚂蚁几丁质的脚或盔甲变坚硬之后，才到地面上来。然后，配合其种族、天性、能力，或是服从中心的知性命令，分别成为探险家、侦探、牧人、供给者、园艺家、真菌栽培家、收割者、水泥匠、石匠、手工艺师傅、蜜储藏库、战士、奶妈、家务管理者等等。

可是，有时候因为专业化非常进步，所以，天生的身体构造也会变形。这种变化不像白蚁那么一般性，不过，也不输给白蚁，变化深刻而激烈。

某种工蚁命中注定要用锯子割，有的要切，有的要砍断，有的要扭断，有的要弄碎，配合不同的功用，配备有不同的工具。将来要成为兵蚁的蚂蚁，拥有可怕的大颚，比正常大颚大两三倍，更加锐利。有的大颚会有弹簧装置，像跳蚤一样跳跃，出其不意地逃离敌人。巴西的处女林中，不太为人知道的居民，神秘的破坏硕眼山蚁（Gigantiops destructor），就拥有大眼睛，在树枝间跳来跳去。

印度的蚂蚁跳跃掠针蚁（Harpegnatos saltator）可以用下颚的零件，跳半米的距离。还有全身都是刺的蚂蚁，也有一种蚂蚁身上有一种鞘，可以收纳柔软的触角，保护触角。

栖息于沙漠的蚂蚁，注定一辈子都要不断搬运沙粒，它们拥有形状像刮刀、汤匙、勺子的大头。

光是把各种工蚁或兵蚁的脸排放在一张纸上，就可以收集到各种充满幻想的面具，甚至在尼斯或威尼斯的“嘉年华会”

中，都想象不到的面具。

八

这些面具之中，最奇妙的就是守卫，也就是看门兵蚁戴的面具。正确地说，这种蚂蚁不是看门的，它畸形化、专业化之后的头部，就是门，有如门闩一样，紧紧地塞住巢的入口。

如果这个巢是设置在竹子树干里面的话，这只看门蚁的额头，就会具备与竹子一样的颜色与外观。如果巢是在梨树的老树干上的话，看门蚁就会伪装成梨树的树皮。

从单纯的看门蚁（也就是天生就长着看门用的头的蚂蚁）到半看门蚁、看门候补蚁、看门见习蚁、业余看门蚁等等，可以找出一连串的中间形态。这些蚂蚁的器官，似乎就决定了蚂蚁的命运，如果不是这样的话，决定器官的，就是命运了吧！

更出人意料之外的专家是最近才被发现的，或者应该说，大家相信是发现到的，那就是消防蚁。

过去不止一次，做过许多有良心，且非常有趣的研究的蚂蚁学者——马格丽特·康普夫人（Marguerite Combes），是著名的植物学家卡司东·波尼耶（Gaston Bonnier）的女儿，这位夫人在《病理与正态心理学日报》（*Journal de psychologie normale et pathologique*）上发表的文章，以及在法国的《昆虫学会》中首先发表，在 1930 年 4 月 1 日的《两世界评论》（*Revue des deux Mondes*）简单补充的报导中，做出以下的声明。

在枫丹白露的植物学试验所园区内，红山蚁（Formica rufa）的其中一种的一队，面对巢里面起火的小火焰，一起合作攻击，发射蚁酸，有时候十秒就可以灭火，有时候要十分钟。站在最前面，向火焰挺进的蚂蚁，常常都会牺牲自己的生命。

在某次实验中，在几位证人的面前，这些蚂蚁灭掉了使用于小炉子的蜡烛大小的火焰。这个实验重复做了好几次，得到的结果都是一样的。

可是，这种灭火能力，似乎是属于例外。康普夫人谈到的试验所园区内，由六个红山蚁蚁巢所组成的联邦里，总是只有一个蚁巢，会发挥灭火的能力，而且每年持续。

一开始，大家认为这种事情很难相信。最重要的是，蚂蚁有“火”的观念吗？当然，蚁冢里面没有火的存在，火只有在打雷或森林大火、原野火灾才会产生。在这种时候，蚂蚁会被火烧死，所以，它们无从知道火，也绝对不会有机会累积火的经验。

尽管如此，它们的行动方式还是可以加以详细说明。实际上常常会看到，例如，蚂蚁一碰到讨厌气味的液体，就会在那液体被吸收前，把液体埋在土里，或当作垃圾丢掉掩埋。对火所采取的行动，也是类似的反射动作，这不是就可以称为是“明显的知性行为的反射动作”吧？

根据康普夫人的意见，这些红山蚁，会不会只是因为附近经常有人丢烟蒂，因此渐渐对火习惯了呢？

这是非常单纯的说明，可是，却没有比这种说明更好的说明了吧！关于这个问题，我做了实验，因为季节不佳，所以无法提出明确的结果。

总之，实验的过程如下：在尼斯（Nice）北方，靠近意大利边境，1500 米的高度上的佩拉·卡瓦（Peira-Cava）的森林里面，有很多红山蚁，我选择其中一种的蚁冢。走不到二十步，就会遇到它们用 50 厘米到 70 厘米高的松叶，形成的小山做成的蚁冢。我曾经在那里，用各种蜡烛，其中也用线蜡烛，进行了 30 次的实验。

在两三厘米长的蜡烛一端点上火，放在蚁冢的顶部，最初发现到着火的工蚁们，会立刻发动猛烈的攻击。警报扩散到整个蚁冢，慌忙出现的一大群蚂蚁，立刻排成五法郎硬币大的圆圈。

比它们的体长大三四倍的火焰，从它们的眼光来看，是非常巨大的，那种炙热应该是很难忍受才对。但是，工蚁们一个接着一个，低着头冲进这地狱的圆圈中，可以听到烧灼的声音，蚂蚁的身体卷起来，像火柴一样烧起来。紧接着，来增援的其他蚂蚁们，也效法这位英雄，它们的脚被扩散到蜡烛四周的蜡绊倒，有的蚂蚁窒息，有的蚂蚁被煮熟了。

蜡烛芯倒下来，当支撑与燃料都没有了的时候，蜡烛就会自然灭掉。可是，却无法确定蚂蚁真的有在灭火。因为在蚂蚁接近到适当距离以前，就会窒息而死了，所以，还是无法了解蚂蚁是怎么灭火的。

也许我应该使用跟他们的体长一样、非常小的火焰。可是，这么一来，火太弱，只要蚂蚁的身体稍微擦过，或是从上面经过，恐怕就算没有特意要去灭火，火也会灭掉吧！

不管怎么说，我只确认了一点，就是它们很明显的具有超人式的、无差别的英雄主义。

以后一定还会有人进行更具决定性的实验吧！于是，我中断了我残酷而没有益处的实验。

有人已经在提醒我们，在一些森林里面，特别是在康白尼（Compiègne）或枫丹白露（Fontainebleau）的森林里面，红山蚁已经渐渐减少了。采集卵与茧，以作为饲养雉鸡使用的人，与这些蚂蚁展开毫不留情的战斗。为了拯救这些有“森林警官”之称的美丽蚂蚁，为了不让它们灭亡，是不是已经到了该像普鲁士一样，用法律介入的时机了呢？

根据有良心的蚂蚁学者罗伯·史坦普（M. Robert Stumper）的计算，一个巢里面的红山蚁，一天会杀死 50000 只以上的膜翅目或小鳞翅类（microlepidoptera）或毛毛虫等类的害虫。

九

在这一章结束之前，请容许我脱离我们的话题，稍微离开一下农业蚁。

扰乱平安的蚂蚁，在住所周围忙碌地走动，轻易地搬运比自己大 2 倍的茧，令人难以相信。并且，让大颚缩紧，搬运着松叶或木片，这些从我们的眼光来看，相当于两三个大男人，使尽全力才能般得动的厚板子或柱子。看到它们这个样子，就会觉得，蚂蚁的肌肉强度，是不是比我们多出 8 倍到 10 倍呢？

关于这个问题，我最近与瑞典某技师通信谈论，发现光看外表来判断的观念，是很危险的。

他以身高两米的男人为例。男人可以轻易地将直径 20 厘米、重达 35 千克，也就是 35000 克的铁球撑起来。将这个男人缩小成千分之一的话，就变成身长 2 厘米，铁球以同样的比例缩小，则变成重 35 克。他得到的结论是，从这里来看，即使缩小到千分之一，男人的力量还是很大，蚂蚁根本无法跟他比。因为，他可以撑起比自己大 10 倍的物体。

这位技师的计算，明显是错误的。他的错误，令人感到很有趣。因为当我们看到蚂蚁搬运比自己大 2 倍的物体时，就会不自觉地陷入错误。把蚂蚁的体长扩大 1000 倍，然后也把物体的重量乘以 1000 倍的时候，我们就会犯了反方向相同计算上的错误。

因为我们没考虑到，我们对蚂蚁的体重不太清楚，只考虑到比较容易了解的蚂蚁的体长。也就是说，我们扩大缩小的部分，是彼此没有共通的两个数值。必须缩小千分之一的，是人类的体重。也就是说，变成 80 到 85 克的人类，这时候，身长是多少呢?

就如我其中一位笔友提到的，在这里，数字会犯错。构成人类的物质，与蚂蚁是不一样的，构造也不相似。

而且，问题比我们所思考的还要复杂。可涅兹（V. Cornetz）于 1922 年，在 *Mercure de France* 杂志上，针对这个主题发表的研究中，揭露出这个问题。

根据他已经确认的部分，蚂蚁的体重，与它的体长呈一比三的比例。

“同伴的三分之一体长的蚂蚁，体重是二十七分之一。但是，它们的肌肉力道，用相同的比例来算的话，没有减少，是 2 倍的比例。也就是说，例子中的小蚂蚁，会有大蚂蚁的九分之一的力量。肌肉的长度，在力量的评估上，是不重要的。如果这些比例大致一样的话，这种生物的三次元比例，支配战斗比，体积越小越有利，越大越不利。”

可涅兹引用伊芙·德拉吉（Yves Delage）(《科学评论》杂志，1912 年 7 月 19 日）已经理论性地揭示出，可以拿比自己体重重 10 倍的麦粒蚂蚁，如果放大 1000 倍，就只能拿得动自己体重的百分之一重的物体。这么一来，蚂蚁就会比人类或马，还要虚弱上 100 倍了。

第十章 寄生者

对于蚂蚁这种心地善良，

款待客人没有差别待遇的昆虫而言，

寄生，是一种大自然喜欢的模式。

一

受到蚁巢舒适、富裕、无拘无束、安全的吸引，以及蚂蚁的宽容（如果没有蚂蚁时而展现出的英雄式行为或是巧妙，这种宽容很容易让人误解为软弱或愚蠢），寄生者们瞬间就在蚂蚁巢中横行了。

寄生者的种类，现在已经高达两千多种，而且，还不断发现新的种类，特别是在热带，数量一天比一天多。与寄生者有关的研究中，光是列出名字，就需要占论文或著作的五六页空间了，在蚂蚁学中，组成了最庞大而奇怪的一章。

在这里面，举出两三个观察为例，尽可能说明蚂蚁那种非常暧昧模糊的心理。

总之，寄生似乎是大自然的基本法则，是大自然喜欢的样式之一。

克拉克教授（J. M. Clarke）发现，在寒武纪的海栖生物中，也就是在生命起源的那些生物里面，就已经有寄生的出现。这个事实，对于我们崇高的宇宙母胎这个想法而言，感觉不太舒服，可是，却是毫无疑问的事实，也是值得注意的事实。

待客极好，没有差别待遇的蚂蚁来者不拒，开放房子、餐桌，大家一起饱餐美食。可是，在蚂蚁之中，也有很少数的种族，它们会依赖正直勤劳的种族过活。但是这种状况，则不需要举出先前提到的红山蚁亚科或亚马孙蚁或其他类似情况。这些与其说是一种特殊的寄生，不如说是一种自发性的共生：一个种族养育都市，另一个种族负责防御。比较无害的小型蚁角叉琉璃蚁（Dormyrmex pyramicus），我们就省略不谈，我们来谈谈相当凶狠的犯罪者快捷火家蚁（Solenopsis fugax）吧！

一整天都在地底生活，接近瞎眼的这种蚂蚁，因为非常小，所以，它们无法用视觉或触觉，去感觉到宿主蚂蚁。

这种小小的寄生蚂蚁，会在大型蚂蚁（特别是暗褐山蚁 Formica fusca）的巢的墙壁上，挖掘自己的小小回廊。

简直就像悲剧的神话故事，这种蚂蚁会等待机会，从墙壁跳出来，迅速地抢走暗褐山蚁的卵，回到墙壁中的家，优哉地吃着卵。可是，被抢走卵的蚂蚁，却因为寄生者的走廊太过狭窄，无法进去。即使如此，面对这种小而残酷的魔鬼，大蚂蚁们竟然没有做任何防御措施，令人惊讶。

它们太过忙碌，太投入于自己的工作，所以没注意到吗？它们难道没想过，要把杀戮者的走廊弄大一点，或是把它们的入口塞住吗？

这个问题一直到现在，就算使用人工蚁巢，也还没有做过充分的研究。不管是怎么样，更令人惊讶的是，当我们搅乱这种复合巢的一部分时，这两种蚂蚁便会起而抵御，它们会去咬侵入者，以保护它们被虐杀的孩子们的父母。这种情景又让我们觉得，好像目击到另一个行星所发生的事情一样了。

二

桑吉（F. Santschi）观察到，有一种蚂蚁有类似的习性，这种蚂蚁有个很野蛮的名字，叫作斩首蚁，拉丁学名是斩首点琉璃蚁（Bothriomyrmex decapitans）。即使我们还不至于要离开地球，不过，我们还是必须回溯到梅罗文佳王朝（中世纪）吧！这种蚂蚁身上散发出的气味，与将被牺牲的蚂蚁之间，几乎难以区分。它们利用这一点，在婚飞回程，轻易地入侵勤勉而善良的蚂蚁古怪慌琉璃蚁（Tapinoma erraticum）或是黑裂慌琉璃蚁（T. nigerrimun）的巢里。

甚至令人觉得，这是大自然事先就设计好，要让它们犯下如此罪行似的，斩首蚁比慌琉璃蚁（Tapinoma）还小得多，却充满自信，就好像已经拿到女王的王冠似的，立刻就留在那个巢里，排列着卵或幼虫的大厅里。

在那里，它抓住这个朝中的其中一个女王，跨坐在背上，将锯子状的大颚放在女王的脖子与前胸板之间，当场头就落地。因为太过可怕，其他的女王会带着一部分臣民逃出去，至于对自己诞生的家，非常忠诚的工蚁们，会直接将这位入侵者当作新的女王，接纳它。它会立刻开始产卵，于是，先住在这里的种族，就会渐渐在巢里消失，慌琉璃蚁（Tapinoma）的巢，于是变成了斩首蚁的巢。

可是，我们不应该用这种残忍的例子，来评断所有的蚂蚁。

已经研究过的六千多种蚂蚁中，完全不工作，只靠别人的恩惠过活的蚂蚁，只有十几种而已。寄生者在蚂蚁社会所占的比例，也只有这么一点点。我们不得不承认，想想人类社会，寄生者可就不只这么一点点了！

三

黑失能家蚁（Anergates atratulus）的一生，不像斩首蚁那么戏剧性，不过，在昆虫学史上也很有名，所以，我也不能不谈到它。

这种蚂蚁从一出生，就是资产阶级的寄生生活者典型。这种蚂蚁的女王不生工蚁，它的脑袋里面只有谈恋爱，完全不工作，只会生无法自己进食的雄蚁与雌蚁。

一交尾之后，这只蚁后，就会趁还能动的时候，悄悄地潜入劳动的灰黑皱家蚁（Tetramorium caespitum）的巢里。然后不知道为什么，它在那里受到热情的款待。得到充分的营养，它的卵巢甚至会异常发达，就像气球或白蚁的蚁后一样膨胀。

变得像怪物似的蚁后，无法自行行动，必须有婢女服侍才行。然后，过没多久，它不断产下的卵会把巢塞满。灰黑皱家蚁的工蚁会忽略自己的幼虫，反而慎重对待这位入侵者的孩子，甚至连自己的女王都成为这位入侵者的牺牲品。

这种偏爱与致命性的错乱，到底是怎么产生的呢？冯·哈根斯（Von Hagens）历经数年，持续观察同一个巢，以及一些具有敏锐观察力的蚂蚁学者们，例如阿德烈（G. Adlerz）、瓦斯曼（E. Wasmann）、珍纳（C. Janet）、惠勒（W. M. Wheeler）、克罗利（W. C. Crawley）、佛雷尔（A. Forel）等人，都埋首于这项研究，可是，对这个问题，还是没有得到满意的解答。

若要再举其他的寄生的例子的话，还有一个，是惠勒发现的暂时寄生者，大后山蚁（Formica microgyna）。这种蚂蚁可以轻易地变成暗褐山蚁（Formica fusca）的养子，最后取而代之，完全感觉不到任何卑屈的迹象，就好像什么事情都没发生似的，建立起自己的聚落。

"非常像人类的社会，"惠勒补充说，"从提心吊胆与卑屈的寄生生活出发的某种人类制度，也是经过几个世纪之后，才拥有强大力量的。"

再举一个例子吧！广盾针蚁（Plathythera）是一种很大的蚂蚁，虽然无害，却也无益，它似乎具有一种奇妙的才华，就是别的蚂蚁会看不见它们。这种蚂蚁即使在别的蚂蚁的巢里面繁殖，别的蚂蚁也不会注意到它们，就好像它们完全不存在一样，若无其事地来来往往。可是，广盾针蚁不是养父母，也不是同盟者，下一节再继续谈。

四

现在要叙述的寄生生活，会让我们感到惊讶，并且带领我们进入一个充满了意想不到的变化的时代或世界里。

首先是小食客、贪图小利者、卑贱的骗子、小偷以及不请自来的客人——蚁客，关于这一群昆虫，我们省略详细的注释来谈谈吧！

这些昆虫，常常都是很厚脸皮、危险而麻烦的，所以，有时候也会受到迫害。不过，大致上即使有一点点干扰到，寄主蚂蚁还是会睁一只眼闭一只眼不计较。在这些蚁客之中，有的很老实，只会靠巢里剩下的东西过活，有的会抢一滴蜜，有的会靠着舔主人有营养的分泌物过活。

它们很像是长脚的幼虫、蟹、蝴蝶、小虾子、螯虾般，体型比较大，跟蚂蚁主人的体型相当。而且，这些蚁客会擅自在巢里面爬来爬去，辛苦忍耐的蚂蚁们，却不觉得有任何一点不愉快。不只没有不愉快，甚至这些蚂蚁还会帮助那些寄生蚂蚁吃免费饭。

于是，蚁冢衣鱼（Atelura formicaria）这种胖胖的，呈圆锥形的卑鄙家伙，当它看到两只工蚁面对面，要进行反刍的时候，它会立刻钻进它们的大颚之间抢蜜。这两只蚂蚁不仅不会把这只没礼貌的蚂蚁踢开，甚至还会等它享用完之后，才开始享用。

蚂蚁们对不可思议的一种甲螨（Antennophores），也是一样的态度。关于这一点，珍纳（C. Janet）、瓦斯曼（E. Wasmann）、卡拉瓦艾夫（Kararieff）、惠勒（W. M. Wheeler）等人做过研究，可是，在许多混合毛山蚁（Lasius mixtus）的身体上，都带有Antennophores，我在《白蚁的生活》里面也曾提到。那是一种螨，与被害者的头部一样大，比例上来讲很大。

普通一只蚂蚁身上，会住有三只Antennophores，一只在下颚下面，其他两只在腹部的左右，照顾它们有如在照顾自己的小孩一样。并且，这些保护者会小心地保持步行时的平衡。

在这些奇特的食客中，它们总该做点事情，带来一点好处吧！它们会吃垃圾，会把附着在主人身上微小的寄生虫赶走，会与眼睛看不到的害虫作战，这些害虫会在很多洞的走廊里繁殖。

五

可是，不管怎么说，食客军团中最大的，所有大小与形态与蚂蚁相当的鞘翅类组成的。从已经变成化石的琥珀中可以发现，它们的历史古老，过了几百万年的寄生生活，已经使它们的器官产生很大的变化，使它们可以适应寄生生活。

例如触角，为了更有效地促进反刍，或是让搬运变得更容易、更好拿，于是触角变粗。因为它们是非常懒惰的人，绝对不肯自己走路，都要靠养它们的人把它们搬来搬去。它们舌头变短、嘴巴变大、胸部被特殊的毛覆盖。经由这些变化，它们可以尽情地散发它们的分泌物，那种分泌物是这些奇妙蚂蚁的魅力，有如芳香的乙醚。

甚至有的会像欧洲的 Atemeles 或美国的 Xenodusa 两属的隐翅虫，居住在蚂蚁的别墅里。它们会有两个住所，冬天在山蚁属（Formica）那里，夏天则在家蚁属（Myrmica）的巢里度过。

除了热带地区不太为人知的之外，到今天，它们的种类多达三四百种。蚂蚁太宠爱它们，被它们迷惑，所以，它们看重这些宠臣胜过自己的幼虫，在危急的时候，甚至会先让它们去避难。

对于品德高尚、纯洁、节省、认真、勤劳的蚂蚁国家而言，这是唯一且是最重大之恶。就跟人类社会里的酒精中毒一样，常常会带给种族致命性，且难以避免的真正社会性灾难。

若是因为幸福的偶然，或应该说是上天保佑的大自然的错误，只要不抑制它们的繁殖，确实会让整个聚落遭遇到全体毁灭与死亡的危险。

这些寄生者们光吃反刍无法满足，它们还贪求着宿主蚂蚁的子孙。另一方面，因为它们而堕落，好像酒精中毒似的工蚁们，也会渐渐减少对自己王国幼虫的必要照顾。结果，营养不足的幼虫，就只能生出“疑似雌”的个体，也就是无生殖能力的雌蚁。

因此，有一些种族，其中像是特别溺爱这些可恶寄宿者的红山蚁等等，应该是非灭亡不可才对。可是，相反的，这种蚂蚁却比其他蚂蚁的数量还多，遍布全世界。

瓦斯曼解开了这个谜。红山蚁对待自己的幼虫与寄宿者的幼虫，都是一样的方式。红山蚁在幼虫要变成蛹的时候，就会好像在织茧一样，把所有的幼虫都埋在地底。变成蛹之后，再把蛹挖出来，洗干净，排列在巢里。但是，鞘翅类的话，变成蛹之后，如果从土里面挖出来就会死掉。只有运气好，没有被工蚁发现，没有被挖出来的蛹，才能免于一死。

六

关于这一点，在蚂蚁学者之间，引起了很大的议论。身为“耶稣会”成员的瓦斯曼（E. Wasmann）认为，这就证明了蚂蚁的无知，也展现出神保持大自然均衡的睿智。

得到《进化的精神》作者霍普豪斯（Hobhouse）支持的惠勒说，寄生者破坏它的孩子，它却还供养这些寄生者。蚂蚁的愚蠢，并不比那些把自己的女儿卖给亿万富翁，相信女儿会得到幸福的母亲愚蠢；也不比那些顶着天主教的慈悲，将异端处以火刑的异端审问官愚蠢；更不比那些借着文明之名，命令军队进行杀戮的皇帝愚蠢。

的确，我们的失策、愚蠢行为、不合理，跟蚂蚁放在一起比较，实在很难说我们比它们优秀。

不过，要为蚂蚁辩护，还不需要拿出这么大的事情出来。毫无恶意的红山蚁，用相同的方式对待、照顾数千只类似的幼虫，这是很自然的。

要红山蚁承认，它们对寄生者的蛹进行的大屠杀是错误的，根本就是无理的要求。

人类经过好几世纪，犯过比这些更重大的过错，到现在也不能说这些都消失了。虽然我们觉得经验没有被刻画在蚂蚁的本能上，可是，那是因为那样反而会有比较大的利益吧！虽然不知道是什么样的利益。就像前面提到过的，就像我们在真菌栽培蚁身上或家畜饲养蚁身上看到的，当过去的教训真的有益处的时候，是不是它们也跟我们一样，具有可以刻画下遗传性记忆的能力呢？

七

大自然并不会总是在刚好的时机，把自己引发的病的特效药给人。特别是同种的寄生者，某种聚落过度的宽容，常常会引来灭亡。

在前面的文章中，我们已经看到桑吉单家蚁（Monomorium santschii）[1]的例子。桑吉单家蚁会以触角的爱抚来迷惑，另一

[1] 原文中桑吉惠勒家蚁的学名为 Wheelerirlla santschii，隶属于惠勒家蚁属 Wheelerirlla，现今的分类体系被认为，惠勒家蚁属是单家蚁属 Monomorium 的同物异名，目前已经被并入单家蚁属中，因此桑吉惠勒家蚁的学名也有一并变更，更名为桑吉单家蚁 Monomorium santschii。

种单家蚁属种类，莎乐美单家蚁（Monomorium salomonis）的工蚁，诱使其杀害正统的女王。然后，这只蚂蚁开始产卵，取代原来的种族。可是，桑吉单家蚁的工蚁却不知道要工作，所以，在胜利那一瞬间，就会全体饿死。

同样的例子，在别的蚂蚁种类也可以看到，例如失能家蚁属（Anergates），用昆虫学的用语，就是“不工作的生物”。可是，对蚂蚁的将来而言，这一类的蚂蚁数量相当稀少，力量也很弱。

顺便一提，社会性昆虫中的蜜蜂，只有可怕的针与原始性的集合器官，所以，几乎完全免于受到寄生者之害。

另一方面，比蚂蚁更严谨、更规律，但是，并不像蚂蚁那么宽大、那么灵敏、也没那么有想象力，也不是艺术家的白蚁，只容许极少数的寄生者，而且这些寄生者必须具备会散发芳香的腺体。

八

一般而言，这些寄生者很可怕，而且时而让人感到危险而诡异，甚至常常会带来干扰。蚂蚁的巢就在各种寄生者之中，展开生活。

它们的生活一定跟我们差不多，就好像生活在不断的噩梦中，或是可怕而激动的故事里面一样，在无止无尽的地底鬼屋中，亡灵或幽灵比“圣安东尼的诱惑”更像恶魔似的幻影重重，它们会从四处的墙壁跳出来，守住每个角落，在走廊的每个地方埋伏，闯入每一个房间。在那里，巧于谄媚的贪心的掠夺者、斩首者们，会提供可疑的快乐、香料、药来交换蜜。结束一天的工作回到家，会有 2000 种各种奇丑无比的怪物，在脸上横行，而且，只想要靠我们来养活它们。

这些事情对我们来讲，是无法想象的，是我们无法理解的。聪明的蚂蚁，奇迹的宫廷，如果想要一击毁掉这场可怕且毁灭性的化装舞会的话，是可以轻易办到的。但是，蚂蚁不这么做。不只是这样，蚂蚁深爱着这些寄生者，激励它们，满足它们，认为这是不可缺少的奢侈，是对辛苦的报酬，是我们家的喜悦与装饰。

它们越是知性、丰富、文明，对寄食者就越宽大。而且，一般来讲，这种事情对蚂蚁的繁荣几乎无害。

因为对寄食者非常宽大，比其他种族还宽大的其中一种暗褐山蚁（Formica fusca），它们的数量，比沉溺于鞘翅类麻药的红山蚁更多，看到它们数量这么多，且遍布全世界，就可以明白了。

但是，我们没有资格去谈论这些事情。就像我已经说过的，我们的内在生活，真正的生活，并没有朝向跟蚂蚁一样的方向。我们的坏品行不是来自于超过限度的爱他主义，而是来自于利己主义。失去善意与宽容的人，不管是圣人或疯子，都会被视为非普通人。在所有的社会性动物中，没有成为任何寄生者的牺牲品的，只有人类。但是，我在这里所说的，是指体长几乎相同的寄生者，并不包括所到之处，依附在寄生者中的寄生者，也就是那些害虫。

人类在这个地球上，是最优秀、最大的寄生虫，所以，过去征服了其他的一切。我们霸占了寄生生活的好处，不容许别人享有。这种做法没有什么损失，如果，我们采取与蚂蚁一样的行动的话，很明显的，我们是无法持续长久的时间的。

因为，蚂蚁比我们强多了，它们的器官一定是为了过度的善意而另外订制的。如果我们具有与蚂蚁一样的善良的话，大概很久以前就从地球上消失了吧！

尾声 人类世界的缩影

在我们的世界里面，幸福是很消极而被动的东西，只能借由缺少痛苦来感受到幸福。在蚂蚁的世界里面，幸福是最积极、主动的东西。

一

写到这里，有关蚂蚁的重要部分，大致上都已经说完了。与蜜蜂极度不稳动、如奴隶般疲倦、不健康，极其短暂的一生相较，很明显的，蚂蚁优于蜜蜂，也比更残忍野蛮、禁闭在冷酷监狱中的白蚁的生活好。

我们暂时假设，我们的五官感觉要去适应蚂蚁喜好居住的环境。也就是说，我们的眼睛与蚂蚁一样喜欢黑暗，我们的口或鼻，也喜欢着与蚂蚁想要的食物或气味一样。这么一来，会演变成什么状况呢?

蚂蚁的生活扩大成人类的大小之后，与我们现实的生活比较时，哪一种比较容易忍受？哪一种比较无意义？哪一种比较有意义？而哪一种比较绝望呢?

在未来几个世纪中，可能会出现的发现或启示，若没有特别将我们的灵魂或肉体加以改良或变形，若不将越来越不确定的死后之生，或几千年来一直不曾实现的来世的约定列入考虑的话，即使与人类之中最幸福的人比较，我觉得蚂蚁还是比我们幸福。

蚂蚁的母亲，如前所述，在痛苦与恐惧之中，建设完聚落的时候，就在那一刻，决定性的履行完我们必须花费一生去做的重责大任。而且，只要通过这次的试炼，命运就不会要求更多的东西。可是，人类却每天活在一个接着一个的痛苦中。

最重要的是，蚂蚁具有极为宝贵的健康，是一切事物的基础，它们具有很难破坏的生命力。它们就算被砍头，还是可以持续活两天左右，一直到咽下最后一口气的那一瞬间，还是用自己的脚站立。

它们的身体，被一层比厚重盔甲还要坚固的外皮包裹，纤维状的内脏或肠子的功能（是人类最忌讳的弱点）是非常完整的，所以，吃下去的东西，几乎消化得无影无踪。肌肉或神经，毫不浪费地压缩，甚至令人难以想象，那么大的力量，到底是储存在哪里。

蚂蚁不知道重力，就像雷米·多·古鲁蒙（Remy de Gourmont）指出的，蚂蚁在垂直面上的时候，就像在水平面行走一样轻巧地移动。蚂蚁也不知道什么是疾病，它们完全不了解那些困扰我们的病症。蚂蚁可以轻易地复活，甚至让人觉得，它们根本不知道什么是死亡。

菲尔德小姐（A. Field）针对这个问题，进行了一项很残酷，却很有说服力的实验。她把蚂蚁沉在水里面 8 天，沉在水里的 7 只里面，有 4 只复活。另外，她还做一种实验，只让蚂蚁吃消毒过的海绵里面含的水，让这些蚂蚁断食。九只亚丝山蚁（Formica subsericea）可以撑 70 至 106 天。

在经历这种实验的许多蚂蚁之中，只有三个例子蚂蚁会吃其他蚂蚁。然后，即使到了断食的第 20 天、第 35 天、第 40 天、第 62 天，几乎快饿死的蚂蚁中，有几只甚至还会对处于绝望状态的同伴，透过反刍作用，提供蜜给它们。

蚂蚁只怕冷而已。而且，寒冷也不能杀死蚂蚁，只会让它们沉睡。利用睡眠，度过经济无力状态，让它们可以等待阳光回来的时刻。

二

除了威胁着地球上所有生物的大天灾、寒冷灾害、旱灾、洪水、饥荒、火灾之外，再去除经由养子关系或有益的联盟而发起的战争之外，大家都怕的蚂蚁几乎没有敌人。

蚂蚁回到位于地底安静（要了解这项优点，就必须扩大成人类的尺度来看）的家，没有任何东西会令它害怕，因为它回到和平、富裕、完美同胞爱的家里。

我曾对人工巢的蚂蚁们试着给予很过分的妨碍，引起异常的兴奋状态，可是，要让它们疯狂，甚至进入内战状态的话，就必须从人类的理性角度来看——是绝对无法忍受的试炼，让它们疯掉，陷入完全的狂乱才行。不做到那种程度，在正常状态中，绝对无法让同一个共和国里面的两只蚂蚁吵架，或爆发情绪，或忘了它们本来温和的个性。

女王蜂会不断虐杀她的竞争者，相反的，蚂蚁的女王互相了解，感情像姊妹一样。遇到必须最出重大决定，例如放弃旧巢或是迁移、进行危险的远征等事关都市的重大决定时，女王们也会借由触手的暗号，或是表演实际例子，努力说服不同意见的女王。

借用米修雷（J. Michelet）[1]难得不感伤的文章：

“它们将毫无意义的一位听众，带往目的地或目的物之处。当然，是当某件事情，很难让人相信，或很难让人接受的时候，才会采取这种方法。可是，被如此说服的听众，邀请其他的蚂蚁，两只一起，带着另一位证人前往。这一次，这位证人又带另一只蚂蚁，于是，数量渐渐增多，重复相同的行动。人类议会用语中所谓的‘邀群众一起前往’这句话，在蚂蚁的世界里面，就不是比喻了。”

与我们相反，蚂蚁对快乐的敏感度强过痛苦。就算身体被切割，它们还是若无其事，不会脱离路线，迅速回巢。但是，一旦同胞向它要东西，它就会立刻分享蜜汁的陶醉。

在我们的世界里面，幸福是很消极而被动的东西，只能借由缺少痛苦来感受到幸福。在蚂蚁的世界里面，幸福是最积极、主动的东西，就好像隶属于具有特权的其他行星一样。

生理上来讲，蚂蚁只有让周围得到幸福，自己才能得到幸福。除了尽义务的喜悦之外，它不知道还有其他的喜悦。

这种喜悦对我们来讲，只不过是没有留下遗憾而已。我们之中，很多都只知道用嘴巴承诺。在爱的法喜之中，我们也相信已经超越自己了，可是，在接近死亡的时候，都可能是骗人

① 米修雷，Jules Michelet，1798–1874 法国历史学家。

的。也就是说，就是一种要使人灭亡的利他主义。

蚂蚁了解别种爱，不局限在蚂蚁自己，也对无数它的同胞无限开放，扩大、增加。蚂蚁是活在幸福之中，因为蚂蚁活在自己周围的同类之内，一切都是在它体内，都是为了它而生；同样的，它也在全部的蚂蚁之内，为了全部的蚂蚁而生。

三

而且，蚂蚁是不死的。没有任何东西可以毁灭它，因为它是全体的一部分。这个说法乍看之下很奇怪，不过，蚂蚁很明显的，是一种神秘的生物，它们只为自己的神而存在，服侍这个神，忘掉了自我。它们无法想象，除了让自己在神消灭之外，还有什么其他幸福或生存的理由。伟大的原始宗教图腾崇拜，深深刻在它们心里。

图腾崇拜是人类创造出来，最古老——拥有数千年历史，最普遍的宗教，是其他宗教与诸神的根源，是借由已死的人，对不死世界的最初探索完成的成果。就如亚力山卓·摩雷（M. Alexandre Moret）非常适切的叙述：

“他们的灵魂与图腾联结，也就是与某些动物或植物，或是全部都与不会灭亡的某种东西联结在一起，相信这样是安全的。即使一个个体死了，图腾——也就是不灭的集合灵魂，也会从暂时存在的那个个体，拿回出现的部分灵魂。”

当然，蚂蚁并没有自觉到自己在做这些事情，我们的祖先也是一样吧！（没有自觉或思考到更根源的作用）可是，却形成了蚂蚁生活的本质。在蚂蚁体内呼吸、窃窃私语的东西，在一切之内，充满的是什么样的本能呢？我不知道。蚂蚁的图腾，是蚂蚁巢的灵魂，就像蜜蜂的图腾，是蜜蜂巢的灵魂一样。初始的人类，拥有一族的灵魂，我们取而代之，只拥有迅速消失、虚浮的幻影。留给我们的，是瞬间的存在而已。于是，我们越来越孤立，面对死亡，更加的毫无防备。

四

在本书一开始就说过，蚂蚁在今日是最进步的生物之一，它们会饲养家畜，也已经在波罗的海的琥珀中，发现到会饲养鞘翅目（Coleoptera）当作奢侈品的蚂蚁。

换言之，它们在渐新世（Oligocene）或中新世（Miocene）就已经存在了，也就是说，出现的时间比人类还要早。后来，即使经历了几百万年，蚂蚁看来似乎没有明显的进化。为什么呢？这大概就如我们已经谈到的，是因为几百万年，不足以让蚂蚁有明显的进化。就跟原始人一样，在还没发现原始蚂蚁的现状下，一切都只是推测。

但是，那些生活与我们那些跟长毛象同一个时代的祖先一样的原始人，似乎到现在还存在于某些岛屿上。就像这些未开化人一样，也有一些无法跟上整体趋势，跟不上时代的蚂蚁。可能是针蚁亚科（Ponerinae）的古蚂蚁隶属于中生代（或第二纪）的生物，或推测是更古老蚂蚁的子孙。

在这些遥远年代，现今已经消灭种族的后裔，几乎没办法说它们是社会性昆虫。它们的聚落还不到十只蚂蚁，它们的社会性胃还没有分化，也还没特化。它们几乎是肉食，不会进行蚂蚁社会的主要行为，也就是反刍作用。它们的盔甲，比进化的蚂蚁更加坚固，也有可怕的针。因为它们几乎是过着单独生活，所以会遭遇到的危险也大得多。亲属同伴的联结相当脆弱，它们的幼虫就算没有父母抚养，也会长大。

从低等的针蚁亚科蚂蚁，进化到高等蚂蚁的过程，目前很难追踪。因为较原始的蚂蚁，几乎都是澳洲产（很奇妙的一致性，就是人类最后的未开化种族，也一样是澳洲产的），这种蚂蚁的研究还非常不完整。另一方面，中生代与开始有化石琥珀之间，没有留下任何蚂蚁的痕迹。

可是，从中生代到第三纪末期，在这一段无法得知的无限岁月中，蚂蚁的社会生活组织起来了，非常发达，渐渐取代了个体生活，形成我们今日看到的模样。

我们与蚂蚁不同，从肉体条件上来看，我们就不可能成为利他主义，我们是朝着相反的方向进化的。

我们期望的不是整体的不死性，而是个体的不死性。但是，现在开始怀疑个人的不死性的可能性，也失去对集合体不死性的情感。我们有可能恢复吗？社会主义或共产主义之道，也许标示出往这个方向的一个阶段。可是，我们没有必要的有机结构，到底要如何停留在那条路上，并且繁荣起来呢？

对集合体不死的期望，现在如残火般，遗留在家族的父亲传给孩子的本能或思考中。结果，会不会这个希望才是最好的、最有根据的、最聪明的东西呢？而且，当我们觉得其他的希望只不过都是空想时，就又再度清晰地苏醒过来呢？

这正是绝对毋庸置疑的不死性，把这种不死性，与无法存在、虚无的不死性混淆，是错误的。但是，到底要到什么时候，我们才能够不绝望地接受这种不死性呢？

五

大自然不了解自己想要的东西。或是自己不期望，或是有些东西拉住了大自然的手，不让它照自己想要的去做。在斯堪的那维亚的古老传说中，叙述着恶魔统治的时代。这个时代结束了吗？如果那不是大自然想要的，那么是创造主或是太古无数众神中的一人造成的吗？

例如，比利时人相信，光之父欧鲁姆兹（Ormuzd）或欧鲁玛兹（Ormazd）因为受到罪恶与虚无的盟主艾里曼（Ahriman）的阻碍，因此我们人类只能享受到部分神的恩惠。是比利时人相信的那个欧鲁姆兹吗？

恐怕若不经过某种新的条理分析，这是无法解释清楚的吧？天主教好像在透过恶魔的神话，回到这个问题的解释来。因为，降罚者同时也承担唯一的罪的责任，因此，认为大家必须去为没有人犯过的罪去赎罪。

一旦我们提出的问题超过我们所生存的这个环境——如盘子般的小小环境，得到的答案，就必然是非常不确实，充满了不可靠、幼稚、矛盾的答案。这一类答案的解释，自从宗教与哲学诞生以来，在摇摇晃晃蹒跚学步之中，只前进了几步而已。

只有在我们的悲惨、微弱的热情、微弱的恶德以及三餐的时间都成问题的时候，我们的思考才会毫不犹豫而坚决。

"未知的事物"带领我们前往不知前路为何的地方，这是最后的思考，在把最后出现的人这个动物，投入永远的时间之前，要不要先使用白蚁、蚂蚁与蜜蜂，尝试做三种实验看看吗？然后，我们是第四个实验，而这个实验最终还是会失败吧？从前面那三个实验，可以得出我们自身命运的某些预兆吗？

我们必须仔细端详这个部分，我们必须提出所有的问题。我们可以向我们那与宇宙一样古老的电子询问看看吧！理论上，电子应该知道一切，应该会告诉我们所有的事情吧！

也可以这么说，我们要说话的时候，其实是构成我们的要素，也就是电子在说话。可是，目前，我们还无法了解电子，也还没有资格了解，因此电子保持沉默。

如果我们无法依赖电子的话，我们就只好转向在地球上，跟我们很像的社会性昆虫了。除此之外，没有别的东西可以当作标本。

透过这三种形态，我们可以发现唯一的类似的关系、反面教师、唯一的预兆。目前，我们只能靠这三面镜，寻找自己命运的影像。

这部戏的演员虽然很小，可是，它们却具有他们的威严与重要性。就像大家都知道的，我们在我们所处的无限之中，体长的大小根本不是问题。因为在天体中发生的事情，与在一滴水滴里面发生的事情，都是遵从相同的法则的。

六

蜜蜂与白蚁也有相同的问题，不过，我们暂时只看蚂蚁吧！

蚂蚁从针蚁亚科种类出发到今天，未来它们还会进展到什么程度呢？现在已经到巅峰了吗？或者是这座优秀的共和国，就如我们所担心的，会被奢侈品寄生者这些外患拖垮，已经面临衰退时期呢？蚂蚁会有不同的未来吗？它们在期待什么吗？

数百万年的时光如果不算长久，那么数亿兆的生与死，也不算什么了吧！结果，什么是重要的呢？蚂蚁们已经达到它们的目的了吗？而它们的目的是什么？

地球、大自然、宇宙，若没有明确的目的的话，那么蚂蚁或我们会有目的吗？我们拥有一个目的吗？诞生、生活、死亡，然后不断重复，直到一切消灭为止，这样不就够了吗？

有人在半夜睁开眼睛，看到地面上或海上的一个画面，几颗星星，一个人的脸，然后，永远闭上眼睛。感叹什么呢？这不就是发生在我们身上的事情吗？虽然一切都只不过是一瞬间，但是，总比完全没有存在过好吧？

蚂蚁有什么用处呢？我们抵达曲线的顶点的时候，又有什么用处呢？在我们的头脑中产生的时候，被称为精神的物理现象，无限重复，严密而不确定，除了有可能发现过去没有过的新组合之外，没有任何贡献。

七

结果，蚂蚁死了之后会去哪里呢？会变成什么呢？

这个问题，当对象是蚂蚁的时候，我们会微笑，但是，如果是人类的话，就会变得很严肃，为什么呢？蚂蚁与我们之间，有这么大的差异吗？

因为我们每一步，都会去预测蚂蚁的知性，如果不承认这一点的话，就必须对清楚的证据做无理的抵抗。

我们不是与石头或植物，或那些被本能控制的野兽面对面，而是站在好不容易用薄膜隔开的生物的旁边。在许多点上，只要一点点，就足以使我们与蚂蚁变成同等的。而且，我们之所以无法正确判断这些神秘的点，都是因为我们的无知。我们的头脑的活动，如果变得稍微大一点或小一点，就会从基础推翻宇宙、正义或永远的法则。是会确认“不死”，或是将永远成为不可能呢？

对我们来讲，最难容忍的事情是，时间与空间都不曾给我们一个仓库，让我们可以储存所有的经验、所有努力的成果，与罪恶、悲惨、痛苦的战斗，与物质的战斗，所有的成果。而且，有一天，我们会失去一切，就好像每一件事情都没有达到那个地步一样，一切都必须从头开始。而且，从这件事情开始，即使诸恶扩大，万人受苦，夜晚包围着全世界，也还是不会有任何改变，不帮助任何人，则被当作是最好的。

让我们与其他生命有区别，最大的指标就是我们会有不满，会感到不足吧？我们对地球这个行星，地位只不过是位于第十或第一万个行星，做了过多的要求吗？

地球做自己能做的事情，给我们它所拥有的东西。但是，也没有人敢说，栖息在地球上，除了我们之外的生物，不会有跟我们一样的不满吧？

想要得到改善的，是只有我们吗？把我们与其他生命区隔开来的，就是这种想法吗？这种想改善的想法，是从哪里来的呢？如果我们跟其他生命一样，都不曾离开过这个地球的话，那么我就只知道地球提供的模板，所以，让我们会想要这样问自己。

判断好恶，提出异议的思想，是从想要判断的对象产生的吗？不管是怎么样，我们拥有这种思想，这种思想将我们与其他生物区分开来，想要改善的想法不能轻忽。会不会只有这种想法，是从地球之外来到我们这里的呢？

译后记

黄瑾瑜

这是一本介绍蚂蚁的书籍，不是学术性浓厚，放进许多实验数据的论文，而是一本向一般大众介绍蚂蚁的书。

不管了解或不了解蚂蚁的人，都可以在这本书里面，寻找到阅读的乐趣。对蚂蚁有初步了解的人，可以跟著者，一起思考蚂蚁的社会与人类社会的关系。对蚂蚁一无了解的人，也可以跟著者深入浅出的说明，对蚂蚁有初步的认识。

因为是这样的一本书，所以，一开始翻译的时候，以为这会是一本很容易翻译的书，也很高兴能借由翻译，多读了一本书，也能因此更了解这一种在生活中经常会遇到的昆虫：蚂蚁。

但是，在翻译的过程里面，我发现身为一个读者与一个译者，是有很大的差异的。

作者不经意提出的一个人名，或一只蚂蚁的俗名与学名，当我是一个读者的时候，这些专有名词只需带入一个我可以记忆的代号，让我可以知道在第一章出现的蚂蚁，与第五章出现的蚂蚁，是同一种类的蚂蚁就可以了。

但是，身为一个译者，就有义务将这些名称，找出一个对应而正确的中文字词，不能随意找一个词作为代号了。

而且，翻译一国语言到另一国语言时，同一个字转译成中文时，很可能有数种选择，这时候，若不是对昆虫学颇有涉猎的人，会彷徨于不知该如何选择，我就是这一类人之一。

所幸，在台大昆虫研究所吴文哲教授的介绍下，认识了研究蚂蚁的林宗岐博士，在他的协助下，不仅将昆虫学名中译修订到最接近正确的程度，也为我校正了许多昆虫学家的姓名、中文译稿中较不适当的词汇与文句，也补上多条批注。

在此非常感谢林宗岐博士，在百忙中抽空协助我。书中若仍有错误，必然是译者的疏忽所致，希望各位读者不吝赐教。

很高兴翻译完这本书，也很高兴因为这本书认识了台大昆虫研究所许多热心而和蔼可亲的老师。更高兴因为这本书，让我了解到许多我从来都不知道的蚂蚁社会现象。

希望这本书，也能带给各位读者许多惊喜。

写于 2003 年 7 月 17 日

图书在版编目（CIP）数据

昆虫物语 /（比）莫里斯·梅特林克著 ; 黄瑾瑜译
. -- 北京 : 北京时代华文书局, 2018.3
ISBN 978-7-5699-2112-0

Ⅰ. ①昆… Ⅱ. ①莫… ②黄… Ⅲ. ①蚁科－普及读
物 Ⅳ. ①Q969.554.2-49

中国版本图书馆 CIP 数据核字 (2018) 第 001763 号

诺奖得主人文译丛：

昆虫物语

KUNCHONG WUYU

著　　者 | [比] 莫里斯·梅特林克
译　　者 | 黄瑾瑜

出 版 人 | 王训海
丛书策划 | 邵鹏军
责任编辑 | 周连杰
特约编辑 | 廖　丹
装帧设计 | 格林文化
责任印制 | 刘　银

出版发行 | 北京时代华文书局　http://www.bjsdsj.com.cn
北京市东城区安定门外大街 136 号皇城国际大厦 A 座 8 楼
邮编：100011　电话：010-64267955　64267677
印　　刷 | 三河市祥达印刷包装有限公司　0316-3656589
（如发现印装质量问题，请与印刷厂联系调换）
开　　本 | 880mm×1230mm　1/32　印　　张 | 8.25　字　　数 | 170 千字
版　　次 | 2018 年 7 月第 1 版　印　　次 | 2018 年 7 月第 1 次印刷
书　　号 | ISBN 978-7-5699-2112-0
定　　价 | 40.00 元